成功之路丛书

CHENGGONG ZHILU CONGSHU

U1007805

思考的力量

本书编写组◎编

世界图书出版公司
广州·北京·上海·西安

图书在版编目（CIP）数据

思考的力量/《思考的力量》编写组编．—广州：广东世界图书出版公司，2009. 11（2024.2 重印）
ISBN 978－7－5100－1248－8

Ⅰ. 思… Ⅱ. 思… Ⅲ. 成功心理学－青少年读物 Ⅳ. B848. 4－49

中国版本图书馆 CIP 数据核字（2009）第 204817 号

书　　名	思考的力量 SIKAO DE LILIANG
编　　者	《思考的力量》编写组
责任编辑	吴怡颖
装帧设计	三棵树设计工作组
出版发行	世界图书出版有限公司　世界图书出版广东有限公司
地　　址	广州市海珠区新港西路大江冲 25 号
邮　　编	510300
电　　话	020-84452179
网　　址	http://www.gdst.com.cn
邮　　箱	wpc_gdst@163.com
经　　销	新华书店
印　　刷	唐山富达印务有限公司
开　　本	787mm×1092mm　1/16
印　　张	10
字　　数	120 千字
版　　次	2009 年 11 月第 1 版　2024 年 2 月第 11 次印刷
国际书号	ISBN　978-7-5100-1248-8
定　　价	48.00 元

序

思考是构建成功最真实的劳动

拿破仑·希尔这个名字是我们再熟悉不过的了，他的《思考致富》曾经帮助过成千上万的人找到了摆脱贫穷的办法，从而走向成功富裕的生活。这些人的亲身经历使得他所倡导的成功哲学毋庸置疑地成为20世纪全世界人们的“创富圣经”。

拿破仑·希尔在他的成功哲学中告诉我们，人类最大的天赋就是思考的能力，只有思考才是构建成功最真实的劳动，没有经过思考的人生是失败的人生。如果我们无法控制自己的思想，就不能控制我们的行为。因为人是先思考而后行动的，只有控制了思想，人才能掌握自己的命运。正确地思考是我们达到目标的关键所在，这个世界上所有成就最伟大事业的人，都是因为运用了正确思考的能力。思考的力量支撑和构筑着所有的成就，一个正确的思考者总是能够创造条件使他心中的愿望得以实现。他知道，没有什么事情会自动发生，因此他总是能够主动地推动事情的发生。

拿破仑·希尔在本书中告诉我们，学习如何运用自己的思考能力，是你对全世界以及自己最有价值的一项工作。没有正确的思考，是不会成就伟大的事业的，如果你不学习正确的思考，是与成功无缘的。

成功绝非一蹴而就，而是正确思考的结果。一生的成就还需要一个周全的计划作为支撑，没有周全的计划，无论你做任何事情都将失败。只有通过正确的思考来为你的一生做一个周全审慎的计划，才能使你免于不幸与悲哀。运用智慧安排你的一生难道不是你最有意义的事情吗？本书最后的成功训练，能够更有效地帮助我们了悟如何通过正确的思考来规划我们的一生。

《思考的力量》是针对拿破仑·希尔的成功哲学所编写的一本书，本书将拿破仑·希尔毕生的思想精华融入其中，阐述了如何通过正确的思考来达到个人成就的目标，以及如何驾驭自己的思想，构筑成功的蓝图。他说："思考致富的关键在于以积极的心态对待我们面前所发生的事情，用具有创造性的眼光去审视它们，从而产生成功的创意，缔造伟大的成就。"

创造性的思考是思考必不可少的一部分，创造性的思考往往会带给人无法想象的成功。创造力是一种内心世界的本能活动，也是一种后天获得的人类特质。本书针对这一点，做了详细论证。拿破仑·希尔告诉我们，创造力并非仅限于实体的事物，它会以过去的经历为基础，对未来进行判断，而它与未来的关系，远超过和过去的关系。人的想象力会受到理智和经验的影响以及控制，创造力则排除这些影响因素，并且产生新的观念和方法。本书所有的成功事例都说明了凡是能构想出来的事物，都能以积极的心态加以创造。

请相信，只要能够正确地思考，就可以成就所想成就的一切。

编　者

目 录

第七章　唤醒沉睡的直觉

第八章　“力行”的技术激发你创新的潜能

第九章　思与行——化构想为行动

第十章　创造与众不同的人生

第一章　思考是构建成功最真实的劳动

你的意志力量是决定你成败的力量。要想成功，先要有正确的思考模式和思考方式。你意识所要的，都可以实现。

当你掌握了你的思考模式，你就掌握了自己的命运。了解自己的想法、感受、情绪及欲望，就可以将它们导向你希望的方向。

你的思想无疑是你最有价值的财富。你会丧失物质上的财富，但知识却是谁也夺不走的。拥有知识，你可以把钱赚回来，重新建立你的世界，购买所有你想要的东西。没有人可以控制你的思想，即使是最残酷的统治者也不能迫使你去想一些你拒绝接受的事情。当你经过了审慎的考虑而决定控制你的意念，并不断地吸收一些积极的、有建设性的想法，那么你将可以掌握自己的人生。什么样的想法，决定你创造出什么样的成就。

你是否拟订了一套计划来持续训练你最可贵的资产——你的头脑呢？每天至少要花上半小时的时间作为阅读、思考及设想未来之用。检讨自己的长期、中期及近期目标，并设定完成这些目标的时限。还要时时反省是否照预定进度在进行。有时候不妨问问自己："还有哪些有助于完成目标的资讯是我仍欠缺的？"试着将这些资讯加以搜集，并应用于行动之中。

当你掌握了你的思考模式，你就掌握了自己的命运。了解自己的想法、感受、情绪及欲望，就可以将它们导向你希望的方向。智慧来自于自省，也就是花时间去探讨我之所以成为人的原因。

要掌握自己的思考方式，需经过一段独自的且深思熟虑的历程；因为只有你才能明白自己心灵的复杂运作程序，也只有你才会花费精力与时间，来满足自身内在的需求。

没有比正确思考更接近成功的方式

我们常会发现，那些被认为一夜成名的人，其实在功成名就之前，早已默默无闻地工作了很长的时间。成功是一种思考的累积；不论何种行业，想攀上顶端，通常都需要漫长的时间和精心的规划。

如果想登上成功之梯的最高阶，你得永远使你的头脑进行思考，只有思考后的人生，才算成功的人生。

若把你的思想当做一块土地，经过辛勤且有计划的耕耘，就可以把这块土地开垦成产量丰富的良田，或者也可以让它荒芜，任由杂草丛生。

想要从你的思想中得到丰收，你必须付出努力和投入各项准备工作，这些工作的安排和执行就是正确思考的结果。

世界上所有的计划、目标和成就，都是思考的产物。你的思考能力，是你唯一能完全控制的东西，你可以有智慧，或是以愚蠢的方式运用你的思想，但无论你如何运用它，它都会显现出一定的力量。

一位默默无闻的裱褙匠，充分运用他的思考能力，改变了他的一生。他被监禁在一间监狱里，就在他心情最恶劣的时候，他思考着为什么生活给了某些人权力和财富，而他却被囚禁在监狱里的事实。他的思考改变了他一生。

过了不久，整个监狱的人都听说过他，因为他写了一本书。在这本书中，他诚实地写出了他的目标，并且使整个监狱的人都知道他的目标。有些人读了这本书之后只是笑一笑，而有些人则觉得这根本就是疯子写的东西。

大约 10 年之后，这位“疯子”脚踩着半个欧洲，而另外半个欧洲，则恐惧地逃离他的铁爪并和他战斗。他的行动震惊了全世界，而当时的美国人，却仍然自满于他们自己的事情，并且相信战火终有一天会自动熄灭。

希特勒找到了以破坏性的手段运用思考力量的机会。虽然他的思考，并非我所要谈论的正确思考，但它仍然发挥了惊人的力量，并使得数百万人陷于死亡和痛苦的深渊之中，虽然他所思考的都是一些令人痛恨的事，但它毕竟是有力量的。

正确地思考，固然是你能否达到目标的关键，但你应记住：思考，是你对全世界人民应付出的一项道德义务。

在本书中，你所读到的所有成功者的故事，都可证明正确思考的好处——包括对个人和对社会的好处。沙克的正确思考，使他发明了小儿麻痹疫苗。马歇尔的正确计划使他得以振兴经过希特勒蹂躏之后的欧洲经济。

没有正确的思考，是不会成就这些伟大的事情的，如果你不学习正确的思考，是绝对成就不了杰出的事业的。

一个成功者也是一个正确的思考者

在一双未受训练的眼睛看来，水晶矿石只不过是一块普通的石头。但地质学家却能看出在矿石的内部蕴藏着美丽的水晶。你也可以把自己训练成为一个具有敏锐眼光的地质学家，去发现水晶矿石中美丽的水晶。造物主为每个人都提供了成为佼佼者的机会，只要我们能够正确地思考，便能从人生的漫漫征途之中发现属于自己的那份辉煌。

你经常在思考。但是，你在思考什么呢？你的思考过程很有条理吗？你的思考直率到了怎样的程度呢？

为了进行正确思考，你必须应用推理的方法。讨论推理或正确思考的科学叫做逻辑学。即使在日常生活中，人们也不可避免地运用到逻辑推理，这样才能帮助你学会正确地思考。你可以从书本上学习逻辑学，特别是从论述这门学科的专著上学。这类专著有：富莱施的《清理思想的技巧》，约翰逊的《你最着迷的听者》，柯比的《逻辑学导引》，克拉克的《正确思考的技巧》等，这些书可能对你具有巨大的实际帮助。

现在我告诉你，正确的思考是以下列两种推理作为基础的：

1. 归纳法。这是从部分导向全部，从特定事例导向一般事例，以及从个人导向宇宙的推理过程，它是以经验和实证作为基础，并从基础中得出结论。

2. 演绎法。以一般性的逻辑假设为基础，得出特定结论的推理过程。

这两种推理方法之间有很大的不同，但二者可以一起运用。

例如每当你用石头丢窗户的时候，只要石头不变，则窗户一定会被打破，反复几次用石头扔窗户之后，你可以归纳出一个结论，亦即玻璃是易碎的，而石头不会碎。

从这个结论出发，你可进行演绎推理，从而了解其他不易碎的东西（例如棒球）也会打破玻璃，而石头也会打破其他易碎的东西。

但在日常生活中，我们很有可能做出错误的推理，进而导出错误的结论，你必须严格地要求推理的正确性，也就是严格地要求自己进行正确思考，必须审查你的推理结果，并找出其中的错误，除了审查你自己的思考过程之外，你还可以运用这两种推理方式，审查别人的思考结果是否正确。

为了要成为一位正确的思考者，你必须采取下列两个重要步骤：

1. 把事实和感觉、假设、未经证实的假说和谣言分开。

2. 将事实分成两个范畴：重要的和不重要的事实。

除了正确的思考者之外，一般人都会有许多意见，但这些意见多半都是没有价值的。在没有价值的意见之中，有许多都可能是危险，而且具有破坏性的（尤其当它们和个人进取心发生联系的时候），希特勒就是一个最好的例子。

你只能接受那些以事实，或正确的假说为基础所提出的意见。同样，你不可提供没有事实或正确假说作为根据的意见。正确思考者在没有确信之前，是不会提供任何意见的，虽然他们从别人那儿听取事实、资料和建议，但是他们保留接受与否的权利。

报纸、闲聊和谣言，都不是得知事实的可靠媒介，因为它们所传达的消息经常会出现变化，而且也没有经过严格的查证。

“期待”通常是形成大众所接受的“事实”的原因，因为一般人很自然地认为自己的期待和事实是一致的，由于这种一般人所接受的“事实”是如此轻易地被提出来，所以你必须记住，想要了解真正的事实，通常是必须付出代价的，也就是努力追查事件的真实性的代价。

美国曾经弥漫着一个谣言：在百事可乐的罐子里，发现皮下注射器的注射针头，当时有二十几个州都有这样的报道。基于此一“事实”，百事可乐的股价严重下跌，投资人以赔本的价钱抛售百事可乐股票，但即使如此，该公司的管理阶层仍然保证这种情况根本不可能发生。

那些正确的思考者并不相信此一“事实”，并且买进该公司的股票，最后联邦药物管理局和联邦调查局宣布这些报道完全是恶作剧。

在这个事件中谁才是真正的获利者？是那些因为恐慌而赔本卖出股票的人，还是那些经过正确思考后低价买进股票的人呢？

训练自己成为理性的思考者

有条理的思考，源自于精神的正确使用。一个成功的人，能够把头脑做最大限度的运转，借着正确的判断，做出高明的决定。

每一位成功者都具有理性的思考，或有条理的思想诀窍。本书所列举的成功人物即是如此，每一位都具有像机械一般的巧思。

这并不表示他们讲话的技巧或方式高人一等，而是有更为根本的东西存在。也就是说，他们了解正确的思考诀窍。正确的思考源自于精神的正确应用，而一个成功的人，能把头脑做最大限度的运转。

你若想获得成功，头脑的运转就必须灵活。理由如下：

第一，思想有条理的人，必能判断正确，从而做出高明的决定。假如能排除无关的事物，直捣问题的核心，你就是一个值得拿高薪的人。

第二，一个思想有条理的人，能以简明的方法，促使别人更了解自己。一旦需要展现自己才能的时候，他们必能付之行动，而且必然会获得良好的效果。在商场上，把思想正确地传达给别人，是每天都要做的工作，这对董事长或推销员来说，并无二致。尤其在一个大公司里面，能有效地表达自己意念的人，成功的机会一定更多。

每个人都可以把自己训练成为一名理性的思考者。现在介绍一下理性思考的四个步骤：

首先，必须了解理性的思考能把事情推动得更圆满。不论一个人的智商如何，理性的思考都能带来很好的效果。一个智商平平的人，如果能理性地思考，要比一个智商高却遽下论断的人更为优秀。

思考过程是相当复杂的，基本上可分成四个步骤。若能仔细研究这些步骤，判断力必能获得百分之百的改善。以下就是这些步骤的内容：

1. 挖出问题的核心

开始时必须了解问题的所在，否则必定无法深入问题核心。有些人常常在老路子上徘徊，下不了决定，原因就是没有找到问题的症结所在。犹如一个简单的数学题目，如果不了解出题者的目的，就无法解题。

我举一个简单的例子。有个女人因为靴子磨脚，而去看医生，这就是处理问题错误。从这里我们就可以理解，为什么去掉枝节、直捣核心是最重要的步骤了。否则，问题的本身和影子会扭成一团而理不清了。有了问题时，就该想想这个例子，一定要把握住问题的核心。能点出问题核心，简洁地表现出来，就已赢了一大半。

2. 检验全部事实

在了解到真正的问题点后，要设法收集相关的资料，然后深入研讨和比较。应该有科学家那样审慎的态度。解决问题必须采用科学的方法，做判断或下决定都必须以事实为基础，同时，从各个角度来分辨事理也是必不可少的。

例如，现在有一个二择一的简单问题，就在备忘录上列出两栏，一栏列出一个解决方案的好处，另一栏列出另一个方案的好处，同时把相关的事项全部记入。之后，可以比较利害得失，做出正确的判断。

一旦有关的资料都齐备后，要做出正确的决定就容易多了。收集相关资料，对于理性思考的训练非常重要。

3. 做决定

在做完比较和判断之后，很多人往往马上就做出结论。下结论不必过早，试着以一天的时间把它丢在一边，暂时忘掉。也就是说，在对各项事实做好评估后，就要把它交给潜意识去处理，让这位善于解决问题的老手，帮你做最后的决定。

不久，判断或决定就会浮上心头，等重新面对问题时，答案已出现了。

这时你会想："好，就这么办。"并准备付诸行动。请冷静一下，你现在应该考虑做个试验，由于经验的关系，潜意识所做的判断，还无法做到天衣无缝的地步。

4. 小规模的试验

在付诸实施之前，必须做项试验，以求手法漂亮。

不妨先对一两人，或两三种情况做试验，这样就能了解想法和事实有无出入。如有不符之处，要立刻修正。

做到这个地步，就算妥善了。经过以上步骤——事实的评价、拟定计划、小型试验等，然后就可导入最后的决定。这样在无形中，就可经由有条理的思考，拟出行动的计划。

理性的思考者绝不会意气用事

许多人对于道听途说的传闻及无关紧要的事实，不停地钻牛角尖，因而导致失败及悲剧。理性的思考能够判断别人所表达的意见是否有价值；如果全盘接收某些自以为是的偏见、成见，或是想当然的臆测之词，是非常危险的。

听到"据说"这样的开场白，理性的思考者会充耳不闻，因为他知道接下来都是一些没有意义的话。理性的思考者知道，对自己负责任的人，一定要根据可靠的事实，才会发表意见或提出任何问题，而不会人云亦云。

理性的思考者也知道，朋友的意见不一定值得采纳。如果他需要忠告，宁可付费寻求可靠的咨询专家。他知道凡事必须经过审慎的考虑，才会有价值。

理性的思考者不会意气用事。他们以合乎逻辑与规则的方式处理问题，不会受情绪的左右。

约翰·杜克没有受过正式的学校教育，也不会写字，却有一套敏锐而理性的思考方式，这使他成为世界上最富有的人之一。他从不浪费时间来争辩琐碎或不重要的事情。他根据事实，迅速地做出决策。有一天他遇到一位老朋友，那位朋友听说杜克准备开 2000 家香烟连锁店，感到非常惊讶。“我的合伙人和我，”那个朋友说，“只要开两家店就忙不过来了，你还想开 2000 家！真是异想天开，那绝对是行不通的，而且是一项错误的决定，杜克。”

“错误？”杜克说，“我的一生都在犯错。但是，如果我犯了错，绝对不会停下来讨论。我会继续下去，犯更多的错。”

杜克继续他的计划，开了零售香烟连锁店，后来每个星期的营业额高达数百万美元。他捐出数百万美元设立杜克大学，这些钱对他而言微不足道。他致富的秘诀是，当机立断，迅速做出决策——有些决策做对了。

艾伯特·哈伯对于管理者所下的定义：“一个经常要做决策的人，而且这些决策大部分是对的。”

显然，理性的思考者非常能够自我约束。果断与明智的决定，是各行各业成功的垫脚石。先决的条件是，要有勇气及坦诚的自我约束。

培养一种正确思考的习惯

我一再强调，思想是一个人唯一能完全控制的东西。因为你的思想会受到周遭环境的影响，所以，你必须借着有利的心理习惯，来控制这些影响因素，这种过程叫做“习惯控制”。

控制习惯的过程是不可思议的，它将你的思考力量转变成行动，但如果你没有这种习惯，或所学到的是不良习惯的话，则它可能会给你带来悲惨和失败，你的成功须视你控制习惯的能力和品质而定。

把你的思想当成一张底片，底片会记录任何反映在它上面的事物，底片不会挑选应记录的对象，也无法控制焦距和曝光时间，而你——作为一位摄影师，有机会挑选所要记录的对象，决定影像焦距、光圈和快门，最后照片的品质，就取决于你控制这些因素的技巧。

对于你心里那一张底片而言，构图的主题就是你的明确目标，你按照你自己的抉择挑选画面，以你强烈的欲望阐明挑选好的画面，并自行决定要让你的思想做多久的曝光。

很少有摄影师对于重要的镜头只拍一次照的。他们多半都照好几次，每一次都略微调整一下必须掌握的各项因素，以便照出最完美的画面。同样的，你不应只让你的思想曝光一次，而应该每天都让你的思想对准你心里那张明确目标的画面进行曝光。

久而久之，对明确目标的一再"曝光"会变成一种习惯，一种经过控制的习惯。因为你是有意识地决定你行为的性质。

强烈欲望的一再呈现，也会将明确目标的画面印在你的潜意识里，而你的潜意识将会不知不觉地经由想象力，激发出你想达到目标的构想和计划。

但是这些构想不是那么简单就会出现的，你的潜意识不会自动地把一辆车放在你的车道上，也不会为你办理存款手续。正确的思考要求以百折不挠的行动，应用这些构想和其他成功原理。我之所以强调，你必须每天都保持个人进取心，是因为你必须培养出处于控制之下的行动习惯。

刚开始时，行动可能需要你的心理控制，但是每当你行动一次，你的习惯控制能力就会有所增进，进而使得控制习惯的程序更为根深蒂固。你的热忱和你所应用的信心同样也会鞭策你，当你能使行动变成一种处于控制中的习惯时，这两种特质都会有所增进。

工作变得不再辛苦，它就像你肚子饿时吃东西一样；你会发现周围开始出现能给你带来希望和勇气的新鲜事物，而其他人也会开始不必你开口要求，就乐意主动与你合作；你会因为付出行动，而得到一些有助于你达到目标的意外机会，你的想象力会变得更加敏锐和敏捷，而且在长时间工作后，只会感到些许疲劳；你将会从希望和信心的角度，来看这个世界。因为处于控制中的行动习惯，已使你警觉到希望和信心的可能性，随着这些改变，你也将会改善生活的其他方面。

第二章　创造性思考的奇迹

你必须集中精神去看生活——你的内心、你的背后、你的前面。

拥有创造力的第一步，便是要坚信自己与生俱有的创造力，并且对于自己的能力深信不疑。

你的心理状态决定你的能力。你能做多少要看你想要做多少而定。成功都是保留给具有“我能把事情做得更好”的态度的人。

现在，让我们来澄清“创造性思考”的意义。大部分的人都把“创造性的思考”想成像“电”或“小儿麻痹疫苗”的发现，或小说创作，或彩色电视机的发展。不错，这些都是创造性思考的结果。但是创造性的思考并不是从事某些特殊行业的人专有的，也不是有超人智慧的人才有的。

那么，什么是创造性的思考呢？

一个低收入的家庭订出一项计划，使孩子能进一流的大学。这就是创造性的思考。

一个家庭设法将附近的街道变成邻近最美的地区。这也是创造性的思考。

有一位牧师发展一种计划，使集会人数加倍。这依然是创造性的思考。

想法子简化资料的保存，或向“没有希望”的顾客推销，或让孩子参与有建设性的活动，或使员工真心喜爱他们的工作，或防止一个口角的发生，这些都是很实际的、每天都会发生的创造性思考的实例。

创造性思考会带来成功

埃玛·盖茨博士能够把这个世界变成更理想的生活所在，全靠创造性的思考。盖茨博士是美国一名著名的教育家、哲学家、心理学家、科学家和发明家，他一生中在各种艺术和科学上做了许多发明，有许多发现。

盖茨博士的个人生活证实，他

锻炼脑力和体力的方法可以培养健康的身体并促进心智的灵活。

我曾带着介绍信前往盖茨博士的实验室去见他。当我到达时，盖茨博士的秘书告诉我说："很抱歉，这时候你不能打扰盖茨博士。"

"要过多久才能见到他呢?"我问。

"我不知道，恐怕要 3 小时。"她回答。

"请你告诉我为什么不能打扰他，好吗?"

她迟疑了一下，然后说："他正在静坐冥想。"

我忍不住笑了："那是什么意思啊——静坐冥想?"

她笑了一下说："最好还是请盖茨博士自己来解释吧。我真的不知道要多久，如果你愿意等，我们很欢迎；如果你想以后再来，我可以给你留个口信，看看能不能帮你约一个时间。"

我决定要等，这个决定真值得。当盖茨博士终于走进房间里时，他的秘书给我们介绍，我开玩笑地把他秘书所说的话告诉他，在他看过介绍信以后高兴地说："你想不想看看我静坐冥想的地方，并且了解我怎么做?"我非常乐意地答应了。

于是他领我进一间隔音的屋子里去，这个房间里唯一的家具是一张简朴的桌子和一把椅子，桌子上放着几本白纸簿，几支铅笔以及一个台灯。

在我们谈话中，盖茨博士说他遇到困难而百思不解时，就会走进这个房间，关上房门坐下，熄灭灯光，让全部心思进入深沉的集中状态。他就这样运用"集中注意力"的方法，要求自己潜意识给他一个解答，不论什么都可以。有时候，灵感似乎迟迟不来；有时候似乎一下子就涌进他的脑海；有些时候，至少得花上两小时那么长的时间才出现。等到念头开始澄明清晰起来，他立即开灯把它记下。

埃玛·盖茨博士曾经把别的发明家努力过却没有成功的发明重新研究，使它尽善尽美，因而获得了 200 多种专利权。他就是能够加上那些欠缺的部分——另外的一点东西。

盖茨博士特别安排时间来集中心神思索，寻找另外一点。"另外一点"他很清楚自己要什么，并立即采取行动，因而他获得了成功。

一切成就与财富都源于创意

所谓创造力，即为自己能想出新方法、新点子来处理一切我们所面对的问题的能力。

但是创造力和创造性思考，在以往总被认为只有从事科学、技术、艺术等专业工作的人才具有。的确，科学、艺术等工作是非常需要创造力的，然而创造性思考，不限于某种特定工作范围，而且也不只是从事某种特定工作的人才具有。

下面是几个关于创意的小故事，它们的主人公都是同我们一样的普通人。这些发明，现在已成为人类生活的一部分，并为它们的发明者带来了巨大的收益。看过这些故事后请想一想，你是否还认为自己毫无创意的能力呢？

克兰是专售巧克力的商人。他每到夏季便苦闷异常，因为巧克力随着季节的变化而变软，甚至融化，销售量也急剧下降。他苦思冥想，制造了一种专供夏季消暑用的硬糖，造型上一改块状、片状型，而压制成小小的薄环。1912 年，他正式批量生产这种命名为“救生圈”的具有薄荷味的硬糖，颇受欢迎，至今畅销不衰。

戈德曼是目前超级市场人人必需的购物推车的发明者。1937 年他在俄克拉荷马城超级市场，观察到顾客个个挎着、背着装满物品的筐和口袋，排队等待着结账。他灵机一动，于是试制了一辆四轮小型推车，结果深受消费者和超级市场老板的欢迎，并获得了重大发明专利。

克鲁姆是位美国印第安人，是炸马铃薯片的发明者。1853 年，克鲁姆在萨拉托加市的高级餐馆中担任厨师。一天晚上，来了位法国人，他吹毛求疵，总挑剔克鲁姆的菜不够味，特别是油炸食品太厚，无法下咽，令人恶心。克鲁姆气愤之余，随手拿起一个马铃薯，切成极薄的片，骂了一句便扔进了沸油锅中。结果好吃极了，他自己也品尝了几片，确实香酥可口。不久，这种金黄色的、具有特殊风味的油炸土豆片，就成了美国特有的风味小吃并进入了总统府，至今仍是美国国宴中的重要食品之一。

哈姆威原是一名大马士革的糕点小贩，1904 年在美国路易斯安那州举行的世界博览会期间，他被允许在会场外面出售甜脆薄饼。他旁边是一位卖冰淇淋的小贩。夏日炎炎，冰淇淋卖得很快，不一会儿盛冰淇淋的小碟便不够用了。忙乱之际，哈姆威把自己的热煎薄饼卷成锥形，来当做小碟用。结果冷的冰淇淋和热的煎饼巧妙结合在一起，受到了出乎意料的欢迎，被誉为“世界博览会的真正明星”，获得了前所未有的成功。这就是今天的蛋卷冰淇淋。

世界上许多畅销品牌都因一个小小的创意而产生，如果你脑中的一个闪念被忽略，也许就与成功失之交臂了，仔细想一想这些例子，你不应该怀疑自己了。

创意来自于想象

那么创意是从何而来的呢？它是想象力的产品。想象力产生创意，而创意就代表着财富与成就。代表着文明社会的汽车也是一种创意。而这种创意，使汽车为它的创始人亨利·福特与他的子孙带来巨大的财富。

福特于1863年7月出生在美国密歇根州。他的父亲是个农夫，觉得孩子上学根本就是一种浪费，老福特认为他的儿子应该留在农场做帮手，而不是去念书。

由于小福特自幼在农场工作，所以他很早便对机器产生兴趣，而小福特那用机器去代替人力和牲畜的想象与欲望便早露端倪。

福特12岁的时候，已经开始构想要制造一部“能够在公路上行走的机器”。这个想法深深地扎在他的脑海里，日日夜夜萦绕着他。

旁边的人，都“劝导”福特，放弃这个“奇怪的念头”，认为他的想象是不切实际的。老福特希望儿子做农场助手，但少年福特却希望成为一位机械师。终于，还是少年福特的意志力坚强，他用1年多的时间就完成人家需要3年的机械师培训。从此，老福特的农场便少了一位助手，但美国却多了一位伟大的工业家。

从12岁的构想至36岁他的第一辆汽车诞生，在这24年的生命历程里，亨利·福特为他的梦想投注了多少心力，进行了多少反复的想象和实验是常人无法估算的。作为一个敢于寻梦的人，他最终达成了自己的心愿。

我猜想你一定会说：“我可不是福特，我只是一个普通的人。我根本没有像福特那样惊人的创造力。”如果你这样想，那么现在让我们换一个角度来看，假设正如你自己所言，你缺乏创造力，但是你总不至于认为自己连一点想象力也没有吧！因为每一个人都具有想象力，而想象力正是创造力的源泉。将梦境中所见尽量描绘出来，就是一种想象力的运作。发明一样东西或创造一样东西，也都是在发挥想象力。

想象力丰富的人，好奇心会比别人强一倍。

一个人如果缺乏好奇心却想做一位出色的实业家，那是相当困难的。好奇心强烈的人，不但对于吸收新知识抱有高度的热忱，并且经常搜寻处理事物的新方法。因此，一个人如果没有了好奇心，就不可能花心思研究新事物，只是遵循前人的步伐原地踏步而已，更不用说会有惊人的成就出现了。

创造性思考的第一步

创意不仅仅是发明一些新的东西，改进做事的方法也是创造力的一种表现，而且一切形式的成功，在家里、在工作上，在社会上的一切成功，均有赖于发现最佳方法。现在，让我们来看看，我们做什么才能培养和加强我们创造的能力。

相信你能做某一件事，这是一条基本原理。做好一件事情，首先我们必须相信我们能够做此事。相信自己可以做某一件事，将使大脑努力去寻求、发现做此事的方法。做好工作的方法绝不止一种。有多少个任务，就有多少种方法。

我曾询问过训练班上的学员："你们有多少人觉得我们可以在30年内废除所有的监狱？"

这些学员显得很困惑，怀疑自己听错了。一阵沉默以后，我又重复："你们有多少人觉得我们可以在30年内废除所有的监狱？"

确信我不是在开玩笑以后，马上就有人反驳道："你的意思是要把那些杀人犯、抢劫犯以及强奸犯全部释放吗？你知道会有什么后果吗？这样我们就别想得到安宁了。不管怎样，一定要有监狱。"

大家开始七嘴八舌：

"社会秩序将会被破坏。"

"某些人生来就是坏胚子。"

"如有可能，还需要更多的监狱呢！"

"难道你没有看到今天报上谋杀案的报导吗？"

还有人建议必须要有监狱，那些警察和狱卒才有工作做。

我接着说："你们说了各种不能废除的理由。现在，我们来试着相信可以废除监狱。假设可以废除，我们该如何着手？"

大家有点勉强地接受了这个假设。静默了一会儿，终于有人犹豫地说：

"可以成立更多的青年活动中心来减少犯罪事件。"

不久，这群在10分钟以前坚持反对意见的人，开始热心地参与了。

"要消除贫穷。大部分的犯罪都源于低收入的阶层。"

"要能辨认、疏导会有犯罪倾向的人。"

"借手术方法来医治某些罪犯。"

"要教育那些执法人员对罪犯采取积极的矫正方法。"

……

他们总共提出了78种构想。

这个实验的重点是：当你相信某一件事不可能做到时，你的脑筋就会为你找出各种做不到的理由。但是，当你相信——真正地相信，某一件事确实可以做到时，你的脑筋就会找出各种方法。

相信某一件事可以做到，会提供“创造性地解决之道”。认为某一件事情做不到，就是一种破坏性的想法。不真正去相信世界和平可以永久的政治家，是永远无法达成这种理想的；他们的心智对创造性地解决之道已经封闭了。那些相信经济萧条不可避免的经济学家也不可能发展出创造性的方法制止经济不景气循环。

同样的，如果你相信你能喜欢某一个人，你就真能找出各种喜欢他的原因。

如果你真的相信你一定办得到，你就真能找出购买那幢大房子的方法。

“相信事情能做成功”可以将各种创造性的能力发挥出来。而“不相信事情能做成功”只会阻碍发挥创造性的能力。

绝不可妄自菲薄，认为自己缺乏创造力而畏缩。拥有创造力的第一步，便是要坚信自己与生俱有创造力，并且对于自己的能力深信不疑。

希望你再一次记牢：深信我们自身的能力，具有一种积极向上的推进作用。

一旦你认为自己不可能做得到，那么你心底便已列出成千上万个你做不到的理由。可是只要你相信自己具备这种能力——由心底发出确切的信念，那么这种作用便会发挥预想不到的效果，帮助你快点找到实现的方法。

相信你办得到的信念，即为创造性思考的第一步。

发展创造性思想

“有志者，事竟成。”这是创造性思考的根本。而传统的想法则是创造性成功计划的头号敌人。传统的想法会冻结你的心灵，阻碍你的进步，干扰你进一步发展你真正需要的创造性能力。以下是对抗传统思考的方法。

1. 要乐于接受各种创意。要摒弃“不可行”、“办不到”、“没有用”、“那很愚蠢”等思想渣滓。

有一位非常杰出的推销员说：“我并不想把自己装得精明干练，我只想成为这个行业中最好的一块海绵。我尽我所能地去吸取所有良好的创意。”

2. 要有实验精神。废除固定的例行事务，去尝试新的餐馆、新的书籍、新的戏院以及新的朋友，或是采取跟以前不同的上班路线，或过一个与往年不同的假期，或在这个周末做一件与以前不同的事情等。

如果你从事销售工作，就试着培养对生产、会计、财务等的兴趣。

这样会扩展你的能力，为你以后担当更重要的责任做准备。

3. 要主动前进，而不是被动后退。不要想：“这通常是我做这件事的方式，所以在这里我也要用这种方法。”而要想：“有什么方法能比我惯用的方法做得更好呢？”你年轻时为了送报纸，每天早上五点半就起床，但这并不意味着你的小孩也要这样做。

如果福特汽车公司的高级主管这么想：“今年我们已经制造出最好的汽车了，要想再创新和改进是不可能的。因此，所有的汽车试验设计活动不得不到此停顿了。”即使是像福特这么大规模的公司，也会因这种心态而迅速萎缩。

成功的人喜欢问：“要如何改良品质？要怎样做才能做得更好？”

由制造飞机导弹到养育子女的各种设计里，都不可能达到绝对的完美。这意味着一切事物的改良可以永无止境地进行。成功的人深知这一点，所以他们经常会再寻找一些更好的方法（请注意：成功的人不会问：“我能不能做得更好？”他知道他一定办得到。所以他会问：“我要怎样做才能做得更好？”）。

想一想，如果你的公司经理们总想：“今年我们的产品产量已达极限，进一步改进是不可能的。因此，我们没有继续创新的必要了。”以这种态度进行管理，即便是再强大的公司也会很快衰败下去。

成功的人就像成功的企业一样，他也总是带着问题而生存的。“我怎么才能改进我的表现？如何做得更好？”做任何事情，总有改进的余地，成功的人能认识到这一点，因此，他总在探索一条更好的道路。

你的心理状态决定你的能力

有重大成功的人，都会不遗余力地为自己和别人设定较高的标准，不断寻求增进效率的各种方法，以较低的成本获得较多的报酬，以较少的精力做较多的事情。

“最大的成功”都是保留给具有“我能把事情做得更好”的态度的人。

美国通用电器公司一直使用这样的口号来激励员工，那就是：进步本身就是公司最重要的一项产品。

那么你为什么不考虑将进步也变成你最重要的一项产品呢？我们将通过以下的练习来帮助你培养并发展出“我能做得更好”的态度与能力。

每天工作前花 10 分钟想：“我今天要怎样把工作做得更好？”“我今天该如何激励员工？”“我还能为顾客提供哪些特殊服务呢？”“我该如何使工作变得更有效率呢？”

这项练习虽然很简单，但很管用。试试看，你会找到无数创意来赢得更大的成功。你的心理状态决定你的能力。你以为你能做多少你就能做多少。你若真正地相信自己能做更多，你就能创造性地思考出各种方法。

扫除否定性的想法

如果自己的心态会决定自己做事的方式，我们应先认清自己的真面目，除去会妨碍自己发挥能力的因素，你应不难想象否定性思考法的危害。

在你建立起任何有价值的事物之前，一定要在心中先创造出一个概念。你的思绪是不会宥于肉体的限制的。在心灵工作站之中，你可以从前所未有的角度来观察事物，就如同爱因斯坦，想象到若是乘着光束穿越无限的时空，宇宙将会是何种光景。之后他以数学计算来支持所谓的相对论。你可以利用想象的力量，发掘出困难问题的解决之道，发展出新的概念，并预见你达到了为自己设下的目标。

皮格利－威格利超市连锁的创立者桑德斯，曾经只是街角杂货店的一名普通雇员。他在一家自助餐馆中突发奇想，认为同样的方式也可运用于杂货店。专家们认为这根本不可行而嘲笑他，可是他自认为这是极佳的方式。桑德斯坚定地施行下去，而此种自助式观念使他成为现代超市之父。

通常只是单独一个好主意并无法令人获致成功。在执行的过程中还需要更多的创意来达成。研究表明：当你有了一个绝妙的构想，即使你只是直觉上认为它是个好主意却无法证明，仍要坚持下去，人们将会逐渐了解你这个想法的价值。那些因为闭塞的心理而拒绝做新的尝试的人，将错失生命中最好的机会。因为它们就如同晶矿一般，通常藏在不起眼的外表之下。

别让自己成为习惯的产物，等待着生命来推动你。简单地在上班时换条路走走，组合一幅拼图，不看电视改看报纸，或是在午餐时间到博物馆逛逛，这些都将会刺激你的思考程序，帮助你开启心灵去接受新的意念。

人类最有力的武器就是意念。它不受外界力量控制或包围，即使一开始这种外力是难以克服的。纵观历史，有多少暴君曾试着去控制反对者，但他们最后都发现，心灵的力量远胜过刀剑对这些人的威吓。如同维克多·雨果所说：“人们可以抵御武力的侵犯，却无法抗拒新的理念的到来。”

但是周围人的否定性想法，常

会带给你很大的负面影响。大部分人，连朋友在内，都会对创意者的构想，抱持着恐惧心理，至于成功与否，他们并未仔细思考。这种恐惧，大概是不了解你所做的理由与方法所致。他们不能确定你将会做些什么，唯一能确定的是将会“变”，而远离他们。

有一位上班族，生活稳定，有固定的收入。但他经常在言谈之间流露出对自由、独立生活的羡慕之情。

但当有人向他提出新构想时，他的反应一定会慎重，绝不会照单全收，以免轻易转变现在的方向。

成功的最大障碍很可能是自己。在我们心中，期望成功的心与失败的心，处于同等地位。有时失败的心会说：“你再怎么努力都没有用的，这根本就是疯狂的构想，不可能成功的!”此时你应鼓励期望胜利的心，出面与其一决胜负。

若否定性思考力量太强，无力对付时，首先你应面对这类否定性的“言语”，然后再逐渐稳住本身的恐惧感，如此才能与“心魔”和平相处，乃至不觉它的存在。

积极的思考是激发创意的原动力

你或许不清楚电是如何转换而传送到你家里的，但是却知道利用电来照明、启动电脑或使用其他许多电器。这也就像你的头脑一般，没有人晓得大脑运作的繁复过程，但如何运用它，会导致不一样的结果。如果经常保持积极的想法，事情多半会有正面的结果。

你或许可以骗自己说，你只是在扮演邪恶一方的辩护者，并以抨击好的想法的弱点为乐，但负面的想法终会导致负面的结果。你的思想会鼓动你奋力去完成积极的构想；但当你所有的想法都是负面悲观的时候，它也会同样程度地造成负面的结果。

我们也应认识到，这种积极性思考方式所具备的力量，并以其作为自己重要的武器。成功的创意者也正因有此认识，才能将现状与问题点以积极明朗的观点去解决。对他们而言，杯子里有半杯水是“还有半杯”，而不是“只有半杯”。

杰生·罗察斯因撰写克雷格公司的电脑说明书，而使他成为收入丰厚的企业家。当初他完全可以说：“我没有能力做这份工作，因我对程序设计完全不懂。”

可他并没有这样说，他靠自己的人际关系与学习能力，找到优秀的程序设计师，学会工作所需的必要技术，不仅将这份工作顺利完成，还做得十分出色。“我本身就是从头学习的人，因此，我相信所有初学者都能了解这份说明书的内容。”他说。

由此可知，只要改变观点与看法，就能从毫无创意中脱离，而走向创意成功的大道。

很多创意者，都是借着积极性的思考法，引导自己到达成功的境界。这种方法，也是每个人都能实行的。你也可以借此挣脱出过去的旧壳，实现自己经济目标与生活形态的梦想。

尚未着手就已成悲剧主角的人太多

有很多人以为只能从事自己所学的职业。据统计，大约有90%的人依此原则来选择职业，我们应舍弃这种可怕的想法。

有时害怕失败，也会成为陷入心理陷阱的重要因素。

我们在评价自我时，可以采用“改变心魔”的方法。我们每个人心中都存在着“魔鬼”，它是内心恐惧的根源，而且在摆布、控制我们。认识此点之后，我们所要做的，不是将“魔鬼”从自己的心中赶走，而是面对它，甚至抓住它说：“我知道你在那里，我也知道你想做什么，但我必须完成这件事情，所以，请你多帮忙！”

另有一种人，对成功具有潜在性的恐惧，他们认为自己“不值得成功”而陷入了心理陷阱。还没开始动手，就认为自己必定会成为悲剧主角的人相当多，这是非常错误的看法。任何人都有成功的价值，只要相信自己能做到，全力以赴，就有获得成功的资格，一切结果全看你如何做！

造成心理陷阱的另一个因素，就是“个人改变方向症候群”。

所谓改变方向，就像自然界中整体的动态，常会倾向于能量较低之处，人亦如此。譬如当有些人面临一件非常棘手的事情时，他们会说：“不！我不会做！”“我不要！”企图走向困难较少、较轻松的路径。这种想法会妨碍我们迈向创意成功之途。唯一解决之道，是尽量使自己处于能量高的地方，去发展本身的事业。

此外，也应注意不要受他人否定性想法或言语的影响。你的朋友、家人，有时反而是起副作用的，他们或是缺乏想象力，或是因嫉妒心，往往会拖住你想自立的心。诸如：“有可能成功吗？”“你是不是发烧了？”——这类言语很可能出自最希望你成功的人口中。

许多企业家在成功之前，都有听到“就到此为止吧”或“你会一文不名的”这类话的经验。

在从事新工作时，必定会遭遇困难，尤其是开始发展属于自己的事业时，更是如此，你应先克服这些困难，有很多人回忆过去的事情时，总是想到痛苦，对当时的兴奋早已忘了。事实上，记住当时的兴奋与努力，才是鼓励你成功的最重要因素。

将中介能力转向商业而获成功

这是发生在美国的一件真实事件。

比琪·梅克娜是在一次偶然的机会中进入商业界的，这转机就是在她小孩转校时出现的。

这所学校共有 700 名学生，他们的父母亲各拥有特殊的才能与技能，但学校并未善加运用这份难得的资产。

于是，她会见了许多家长，并听取他们的意见，决定在学校的图书馆中设置人才中心。从此她举办了许多活动，包括演讲、协助教师的教学及其他放学后的活动，邀请家长们参加。这些活动使家长们更有参与感，比过去公式化的活动要生动得多。

因为这些构想的成功，她开始把注意力转移到在社区成立互协组织。如此一来，在同一社区的人能互相利用时间与技能，如从商者可以迅速地找到秘书，画家找模特儿，上班族找育婴的保姆等。

有此经验后，梅克娜对自己的中介能力很有信心，于是决定在自家创设互助服务公司，主要业务为收集资讯与调查，处于卖方与买方的中介地位。需顾问人才者，她就为其联系适合人员；想租借摄影器材的人，则为其介绍理想的租借公司。

这种中介业必须有很多的顾客，否则很难维持下去。为此，梅克娜不惜花大量的时间，尽量满足顾客的需要。经 7 年之久，她克服了各种困难与窘境，终于使公司营运稳定。而在这段期间，与其说她致力于扩大公司的规模，不如说她更重视使公司的服务更具特色。

看清动态，果敢行动

成功的人是果决的。他们不会因烦恼于如何做决定而错失良机。在收集了相关的资讯后，他们会与富有经验知识的人讨论各种可行的方案，然后做出决定并努力付诸实行。迟疑未决可能会使行动的冲劲逐渐麻痹，若不多加注意，还可能严重影响整个组织团体的士气。若是你常常陷于无法决定的困境之中，只要记得只有极少数的决定是难以补救的就行。你可以在稍后的执行过程中发现错误并加以改正，再继续实行下去。

有一个发生在美国的故事是，一对夫妻以创意转业，而开创了一番辉煌的事业。保罗原是一名司法研究生，莎拉则为精神分析医师，现在他们以在家工作的实际做法与企业管理为生计。他们不但著书、制作录像带，还借着家用电脑通讯公司的电脑，扩大举办线上的公开讨论会。此讨论会约有 2000 人参加，他们与参与者定期讨论在家工作之孤独感等问题，并为其寻求解决之道。

为什么保罗与莎拉不留在法律界或医学界工作？那不是一般人所谓的“安定之路”吗？

保罗这样说：

“我们是为了摸索出人生的新目的，希望能掌握自己的船舵。所以，我们花费不少时间去探索成功的可能性，并加以调查、对准焦距、再调整，以便能更确实地了解社会的动态。结果，我们真的找到了具体有发展性的职业与事业，那就是为在家工作者服务的事业。”

由于没有花费太多的时间在扩大规模上，梅克娜能够多与家人相处，享受天伦之乐。她认为，把规模扩大到自己所能掌握的范围以外，是不妥当的。

“我丈夫有自己的事业，他会全心投入他的事业，所以我尽量避免太热衷于我的事业，以免引起不必要的麻烦。”

冒险才能使创意变成现实

失败并非仅威胁你的生活，它也是一堂锻炼你自己的课程。若能以这种态度看待失败，就可以把它视为进入高风险计划的准备。但很多人面临选择，总是害怕危险性太高。这大概与我们身边报纸杂志上的广告词有关，它们经常标榜：“无风险，否则退还保证金。”这种以“战争的风险”等危机形态来威胁大众，就像告诉你在高速公路上不系安全带，就有“生命的危险”。再加上目前新兴企业的倒闭率非常高。自立就成为人们心目中风险很大的做法。

冒险有时是必要的。除非老鼠勇敢地走进厨房，否则它永远吃不到牛肉。当然，没有必要的冒险就不必去招惹，老鹰也知道，不可攻击比自己强大的敌人，或在饥饿的敌人面前慢条斯理地进食。

同样，成功的创意者也会冒没有把握的风险。他们会在可控制的范围内，以时间、技巧及自己，为未来的梦想下赌注。严格说来，这是经“精心计算”的冒险。因此，对成功的企业家而言，风险不仅是得到报酬的机会，也是使自己学习、成长的机会。

无谋的企图的确会威胁经济生活，但经过计算的风险，却能为自己带来改变与改善的机会。即使有风险，也绝对具有尝试的价值。

尝试实行自己的构想，就必须承担风险。而如果想达成自己的期望，就必须先了解该如何做，这是非常合理的方法。

创意与现实之间的“妥协点”

假设你已顺利地冲破自己过去的壳，开始创造新事业，或者正向有意义的工作挑战。此时，你若知道为达成经济目标，多少会牺牲自己理想中的生活形态，你会如何处理呢？

人生可以说是一连串的妥协，它和风险一样有程度上的差别。从完全由命运摆布的全面投降型，到一步也不退让的死硬派型皆有。你要相信自己，一定能在其中找到有利的妥协点。

首先，你可能会因此失去固定收入的保障，但可以获得自由的时间与生活，充分发挥你的创造力与发明才能，并得到相应的报酬。你不妨将两者衡量一下，看是否能找到有利的妥协点。

靠你的银行存款开始投资是一种方法，但还有其他办法可行。

当你还在公司任职时，可趁早晨、黄昏或周末的空当时间，试试你的构想，如此就可知道你是否真的想投入其中。

其次，你可能因此要放弃舒适的工作环境。尤其是在创业之初，你可能必须在家里工作，影响更大的是，会因自立而逐渐与过去的同事疏远。此外，你将难以区分公事与私事，甚至过着除了工作还是工作的生活。但另一方面，你可以从以前公式化的生活中解放出来，享受在家的乐趣，增加与家人共处的时间。将这两者放在天平上衡量一下，就可以找出有利的妥协点。

除此以外，还可以尽量将工作地点设立在离居住地较远的地方；每天腾出一段时间，完全与工作隔绝；会面的地点最好在工作场所以外的地方；在午餐前后运动；在工作场所以外的地方，从事你有兴趣的事。这些都是很有效的解决办法。

最后一点是无法假手于他人的。当你开始独立创业时，从曲别针到铅笔等这些琐碎的事务，都必须自己负责处理。大部分人对于这项工作，都会有厌烦的感觉，但这份辛苦是有回报的，它可培养你解决问题与裁定主意的技能。

使创意与成功结合的方法

不管在何种行业，只要能节省金钱、时间，并能有较佳的获利或较佳的处理方式，就是最有价值的想法。即使只是改善一点点，也算朝目标又迈进了一步。保持积极的态度，不断寻找可能改进事情的机会。不过若你始终只注意到风险而不注意发展的潜力时，你就很难有富有创意的想法了。当你在寻找更好、更快、更经济的方法来完成工作或制造产品时，一方面要分析并降低风险，但更要评估其发展的潜力。

人类从出生就拥有开发创意的能力，现在来教你该如何运用这些能力。

1. 将思考运用在目前的工作上

若你能够仔细地审视目前工作的内容，相信你会立刻发现一大堆需马上解决的事情。有一件事情非常重要，就是别让开发创意的能力闲置了！你应多多思考如何使工作更具效率等问题，每天至少 30 分钟，每次至少思考一打左右的问题。这里所谓的一打，是指多方面的思考，因为如此获得有用的方案的几率较高。

2. 让创意自由奔放

在你的思考过程中，绝不可掺入一点，甚至一丝否定的想法。明知道某件事情非做不可时，你应尽量避免“这件事根本做不好”的悲观想法，而不断告诉自己：“好！我就去试试看。”推动自己去完成。在完成过程中，你可以就问题的本身尽量去动脑筋，使创意不断涌出。

3. 思考大的创意

经常在你脑中盘旋的创意中，一定会有规模较大者，你应该想办法去抓住它。如果没有，假若能从多方面去培养、研究、琢磨，亦可获得。

4. 创意尚未获得前不可轻言放弃

你在追求创意时，尚未获得之前绝不可罢手。试想，连自己都没有自信的创意，如何能以高价卖给别人呢？你不可一味地追求安逸之路，一方面是因为根本没有这么一条路，另一方面因为创意若不经过不断地思考、制造、紧盯着不放，就不会开花结果。

第三章　重建思维构架

今天的创意是明天的事业。创意的大小和难度成正比，思想的规模越大，产生的构想就越大，成功的机会也会越多。

生命定律最大的力量就是成长。如果你真的希望过一个充实而有意义，深具创造性的生活，就首先要创造一个能过这种生活的自己。

一提到能力或创造力的提升，我们脑中就会浮现某种技巧或某种理论、某个系统。而真正去照猫画虎的，也大有人在。

但得到的结果是什么？你曾经因此而有所改变吗？

你是否真的将所学的内容了解贯通？你是否真的曾经运用这种技巧去完成一些事？

十分遗憾的是大部分人都是在当时听听就算了，真正有效去活用的人可说是微乎其微。

一种技巧，没有能被透彻了解、掌握，是不可能发挥作用的。只知道却不会使用，跟完全不知道，并没有太大的差异。

知道再多，拥有再丰富的常识也不会成功。成功是靠行动去实现的，没有行动或无法实际付诸行动的知识或技术，不具任何意义。

是什么阻碍了创意和灵感

今天的创意是明天的事业。创意的大小和难度形成正比，思想的规模越大，产生的构想就越大，成功的机会也就越多。

你现在坐的摇椅，并不是无中生有，凭空变出来的，而是工匠努力的结果。即使是身上的物品，如衣服、拉链、纽扣、表、靴子等，也都是设计家、制造者、工程师、五金或皮革业员工等人构思的成品。就本书而言，也曾一度是我的一个意念。另外，印刷本书用的纸张、油墨等，也都曾是人类的构想。

自古以来，人类不断地产生新构想，以解决各种问题，并提供新答案。或许将来会出现一种新的瓶盖，以取代目前使用的开瓶器；食物只要经过电子处理即可食用，而把冰箱淘汰掉。总之，今天的创意就是明天的事业。事实上，每个人都有独特的创造力，只等把它解放出来的一天。

最能了解创意重要性的，要算是那些以创意为商品的大企业了。这些公司的研究人员整天专注于构思，他们深切了解，创意是产生新产品、发掘新市场的原动力。

我们不妨以三 M 为例。三 M 以无尘研磨用砂纸起家，后来因发展出耐水性砂纸而震惊了产业界。1930 年，三 M 在不断创新下，发明了苏格兰胶带，为今日的必需品之一。由于他们不断地创新，今天的三 M 公司拥有 30 家大工厂，生产 2.5 万种产品。这些创意即非从天而降，也非从池底钻出，而是人脑构思的结晶。

每一个大企业的情形都是如此。一个产品通常要经过不断地测试，没有问题后，才能形成市场。这些问题都有赖专人去挖掘，并研究解决的办法。很多实际可行而又出色的构思大都出自这些人的头脑，他们能获得高薪是必然的。

每个人都有创造力。只要肯动脑筋，不论在公司、事业，或个人的生涯中，都会产生一些创新构思，这时，最重要的就是观察力和机敏性。

很多人自认没有富有创意的构思，持有这种想法，实质是在摧残自己的生命。这种人即使偶尔产生好的创意，也会因为阻碍而放弃，使它胎死腹中。

是什么阻碍了他们的创造力和灵感呢？其主要原因是直线式的思维方式阻碍了他们的创造力与灵感！

直线式思考阻碍思考空间

过去我们所受的教育，都使我们习惯于“直线式的思考”。直线，或许可以说是以 A→B→C→D→E 的顺序依次并列排下的逻辑。而我们大多数人都认为，能迅速查知其联系，推出其顺序的人就是聪明的人。

请看一看我们长久以来使用的笔记簿，上面都有一些直直的线条。

我们顺着这些线条来书写一些东西。

而所谓顺着线条，意味着我们循着直线书写，沿着线条进行思考。其结果是，我们人类创出了所谓的“线条文化”。

所谓的“线条文化”，就是重视直线思考的文化。

直线思考，也就意味着“线条式的思考”。

我们长久以来惯用的线条思考

方式，在不知不觉间束缚了我们。

我们头脑的构造，本来并不是直线型的，特别需要注意的是，我们生活的这个世界本身，也不是直线的。我们眼中所见的世界，甚至没有一样东西，可以称得上是直线的。

没有人规定我们看一件东西或观察一件事物，要先从哪儿看，再看哪里，最后在哪儿终结。我们经常是从自己想看的部分、自己有兴趣的部分看起，或是以一种在瞬间掌握整体的方式，来动用我们的视觉。

人的大脑，最善于进行非直线的“视觉观察”。由于我们的努力，花费极长的教育时间，来教导这种适于进行非直线式思考的大脑，去进行直线式的思考与观察，因此在思考过程中经常有阻碍产生，甚至有许多人始终无法适应，也是理所当然的。

而我们却始终认为那种思考无法直线化的人，是不合乎时代潮流的被淘汰者。这是怎样的一种错误！

直线式思考是与创造性的思考最无缘的。因为直线会束缚我们天马行空的灵感，使我们的思考受拘泥、被定型、局限。对一件事情我们应该有各个角度的不同看法。然而因为固有的知识，我们将自己的观察角度局限在一点上，而失去了许多其他的看法与观点。

只知道一些事情，反而使我们看不清事物的实体，不要说思考，如果去发现新的观点与角度的话，则知道得越多，反而越受拘束。

创造跳出直线式思考范畴的秘诀在于视觉式的思考。

我们只要把直线的思考方式，改换成人类一向最擅长的“视觉思考”、“空间思考”即可。

要发现任何事物，首先必须“观察”。经由全面性的观察，可使事物逐渐清晰、明朗。但此时观察所用的工具，必须要以非直线化的工具为前提。

道菲兄弟的突发奇想

对于习惯“直线思考”的人来说，电影院就是看电影的地方，只能是一种用途、一种样式，在他们的印象中，电影院里无非是银幕，一排排的坐椅，几扇观众出入的门……除此之外，不会再有别的什么大变化。而美国的道菲兄弟却创造了电影院的另一种格局。

吉姆和约翰都预感到人们将不满意一成不变的电影院的老格局，打破这种格局将会受到最有好奇心的美国人的欢迎。道菲兄弟在佛罗里达州的一个购物中心租了一块场地，投资 10 万美元，在那里建成一个餐厅电影院，让电影院的观众如同上酒吧的顾客一样，坐在舒服的坐椅上一边吃着三明治，喝着啤酒，同时还能悠然自得地观看电影。

不久，餐厅电影院开张，这种别出心裁的新鲜事物一出现，立刻受到人们的欢迎，尤其迎合了年轻人的胃口。这里没有传统的一排排的固定座椅，而是较为宽松地放置着桌椅。穿着燕尾服的服务员彬彬有礼地为观众送上三明治、意大利脆饼、啤酒等各种饮料。店堂里布置得非常雅观，在放映的时候，人们常会感到是在家里与亲朋好友聚会，吃着点心，看着电视节目的那种气氛和感觉。

到这里来看电影只需付 2 美元的门票，在当时的美国，一般电影院的门票是 5 美元。道菲兄弟并不会因此而亏本，他们的赚头来自食物和饮料，有趣的是：许多观众或顾客并不在意这里将要放什么影片，他们真正喜欢的是这儿“家庭影院”的气氛，很多人是冲着这儿的饮料和食物来的。一边吃着东西，一边看着电影似乎是精神和物质的双重享受，双重享受会给人们带来许多乐趣。

道菲兄弟的餐厅电影院开张以后，很快就容纳不下纷至沓来的观众和顾客。第二家、第三家开张以后，还是满足不了更多顾客的需求。于是，道菲兄弟在全美国开了 21 家餐厅电影院。白天，这里不放映电影，兄弟俩将电影院出租，供人们举行会议和其他活动。这样影院的利用率就更高了。他们还在 20 多家餐厅电影院里安装了卫星接收器和屋顶天线，以便接收闭路电视，进行电视会议等。这种新型的电影院给电影业带来了一股新鲜空气。

迂回式的思考

道菲兄弟就是一个发挥出创造力的最好例子，他们跨越了直线式思考的阻碍，从而为自己创造了巨大的财富。

有位心理学家做了一个试验，把狗和鸡放在两侧用墙围住的地方，在它们面前隔上一层铁丝网，网外放上食物。这时候狗和鸡会怎么办呢？

看！有趣的事情发生了。鸡笔直地向食物方向冲去。可是它被铁丝网挡住了，到达不了食物跟前，急得鸡在网前左右乱撞，仍得不到食物。近在眼前，唾手可得，却可望而不可即。

再看看狗吧！它对食物、铁丝网以及周围的墙环视了一会儿，马上向后转，绕过右侧的墙，跑到了铁丝网的对面，食物到口了。

这虽是个动物试验，但仔细想

一想就会发现，它和我们考虑设想时的情景很相似。有的人可能是由于正面的进攻或常识方面的原因，总是固执地采用直线式的思考方式，结果总是要碰壁，无论如何也解决不了问题。而另一种人是迂回式地思考问题，巧妙地绕过障碍，从意想不到的角度着手，使之迎刃而解。

人们说，未来的能源是采用核反应的方式，用氢的聚变装置而获取的。为此，必须使氢原子和氢原子激烈地撞击。可是氢原子是气体状的，要将它装置到一个密封的容器内，并给予强大的压力才能互相撞击。

这是一项难度相当大的技术课题，各国都组织了攻关小组。有的为之奋斗了10年、20年，但进展总是不顺利，太费事了，而且成本高。

想不到美国一家小公司稍稍绕个弯就成功地攻下了这道难关。他们没有被氢原子须密封在容器内的所谓正统的方法所束缚，而是利用激光，轻而易举地使氢原子之间发生撞击。

比如过河没有桥，怎么办？不会迂回思考的人，只能想出“游泳”、“乘船”、“用木排”等从水面上过河的办法。而要到达对岸，既能从水中走，也可在天上飞；既有到达上游去的路，也有其他到达彼岸的路。

对人生来说，需要我们在一条道上冲刺前进，但是在创造性设想的领域，更需要轻松地迂回式地思考。

千万注意不要像鸡那样去“思考”。

问题意识是开发创造性思维的契机

思考是一种先对不明白的事产生疑问或迷惑，而后以询问的心态来寻找解决方法的过程。我们称不断重复这种问与答，而逐渐接近目的或目标的方式为“思考”。

有人说：“好的问题，引出一半的答案。”善于思考的人，一定也善于发问。问什么，如何问，也就是所谓发问的巧妙与否，会使结果截然不同。换言之，能针对一个问题，产生许多确切的疑问的人，就是善于思考的人。

我们也可以说，所谓“学问”，就是“学发问”。事实上，学问就是一种“问的体系”，而将此“问”加以结构化的东西，就是“理论”。因此我们明白，一个好的理论，必须是能促进思考的。如果不能刺激思考，促进思考，那么这种理论，也只不过是一种单纯的知识。

那么，我们究竟应该如何发问呢？当然，只要使用疑问词就可以了。我们是因有疑而问的。换言之，问题是因我们觉得一些事或一些地方很奇怪而产生的。而疑问词的代表，就是我们所谓的5W1H。

5W1H，就是指什么（What），为何（Why），是谁（Who），何时（When），何处（Where）的5个W，及如何（How）的1个H。

这是谁都知道，但却很少人去深思、去运用的一些极为普通的单词。

但请注意，只要你能彻底了解5W，你对事物的看法将会变得出乎你意料的透彻。将这些单词结构化、体系化，一个未曾想见的世界将会出现，我们将之称为“5W创意体系”。

How（如何）基本上是一个询问状况的字眼。而这种状况，则是由5W所做出的。换言之，所谓How，就是针对5W产生，或说创出了怎样的关系的状况所发的疑问。或者说，How的意思就是试问该如何使这5个W产生连贯比较好。

只要知道将此5W加以组合的话，就会看清某件事的真面目。你一定会逐渐认为这些极为平凡的字眼，实在是一些具有“魔法”的字眼。

打破直线式思考之后的发现

如果我们只将5W依次排出，那么它只是一些单纯的疑问词的并列，将之直线化的话，最多只不过能产生一些问句。譬如：何时谁在哪里做什么，为什么做这类简单的句子。即使我们将前后次序互换一下，也不会有什么新的发现，或产生一些突破。

可是一旦我们“离开直线式的思考”，结果又会如何呢？当我们将5W如下图排列的时候，这5个W，将不再是单纯的疑问词。尝试看看你能从这样的排列中发现什么？你所看到的仍然只是一些疑问词的排列吗？

横轴由 Where→Who→When，也就是“空间——人——时间”所组成。我们可以从这样的一种排列中发现，不管我们是否有这样的感觉，或是否出于人本身的意志，我们人就是生存在一种时间与空间之中。换言之，我们可以发现生存在某一个时间、某一个时代，并在某一个空间、某一个区域中活动的一个客体的人的存在形态。

纵轴是由 What→Who→Why 所构成的。这是一种试问，问生存在时间与空间中的你，要在这其中做些什么，为什么要做，又为什么想这样做。

这探明了意志及愿望等，这是你所拥有的主体性。

然后我们发现，以这种5W所创出的疑问词的“结构”，在横轴上表示出客观的你，而在纵轴上表现出主体的你，其整体则呈现出我们的人生。

我们也因此明白，我们就是生存在这种“疑问”的结构之中。而所谓的生存，就是不断地回答这些疑问。

当我们以直线去思考事物时，是不可能有这种发现的。同时，若我们不尝试扩展我们的视野，我们仍然无法有这样的领悟。如果我们只将 When 定义为“何时”，我们将无法看见整个的世界。

透视人生真谛的图示

前面我们已了解，如此产生的5W，会启发我们以观察、思考、发现的方式，透视人生。我们生存的这个世界，人生一切的问题，尽在其中。只要我们能了解这个图，自然能知道解决问题的方法。

了解每个 W 的含义，一边发挥其功能，一边不断地加以重组并理解，就能逐渐透析智慧的奥秘。例如，When 这个词，是对“何时”这个时间所产生的疑问。如果我们深刻研究这个问题的话，就能确立一个“何谓时间”的时间观。而且在回答这个问题时，我们可以运用这种视觉化的方式。

首先我们在纸的中心写上“时间”。然后思考“何谓时间”，将得到的答案，填入四周的区域中即可。在扩大时间一词的概念的同时，找出所联想出的关键词，先从“时间”、“时代”、“时势”、“时期”、“期间”等简单的词开始，联想出“节奏”、“时机”、“机会”等关键词。事物会随着时间而“改变”。“改变”这个关键词，在时间这一概念中或许是十分重要的呢？如此这般去慢慢思考。

我们也会改变，而其中最健康、自然的改变，应该就是“成长”吧！

在时间中，利用时间，我们可以“体会”或“经历”一些事。从这儿又可得到“变动”、“演变”等概念。就这样，我们将在一个关键词的周边，以思考发现许多概念相通或相关的关键词，再集聚这些思考、概念形成一个创意的人生。

浮想创意的全像

人生本就是无法分割成片断的一个整体。只是我们从 Who 或 What、When 等不同的角度，来观察我们生活中的个个情景，所看到的东西会略有不同罢了。

但观点上的改变，并不意味着构成生活的要素也会随之改变，而是位于中心的 Who 不断地与 When 或 Where、What 或 Why 重组，来架构出我们的生活。

我们的困扰是，如何将一个可以纳入许多区域内的要素，选定正确的区域填入。答案事实上很简单，只要把它填入我们想填入的区域即可，等全部填完后，再来做整体的思考。

也就是说，在将全部的要素分别想出并记入后，再慢慢思考、分类，将各要素移至正确的区域。再从这个阶段，进展至研究其结构，找出其相互关系的步骤。

探寻出其位置后，将之定位，并从其解释的多义性与重组性来触发思维的运作。而所谓运作，就是决定能量传送的方向。

什么能量呢？就是思考与意志的能量，使潜在意识觉醒，将知识变为智慧的能量。

思考就是要去发现一些新的事物，因为新的发现和思考才会使其成为一件令人十分愉快而且乐意去做的事。

我们人类所创造出的文化，从另一个观点来看，有许多让我们认为不尽合理的地方。尤其是长久以来一直引导我们的偏重“直线式思考”。在促进科学发达的过程中，这种直线式的思考是一种强而有力的武器，发挥了极大的效力，因此造成大家认为只有这种直线式的思考，才是能满足人的理性思考方式的错觉，从整个形势来看，这也是无可厚非的。事实上，在科学领域中，直线式的思考的确是十分有效的。我们并非有意要对直线思考做全面性的批评。

直线思考的弊害，是它将一切的事物均予以细分化。例如，它将事物切割、划分，再细心地培养，使其各自独立成为一个学问的领域，结果产生了许多专业，决定了许多专家研究的范围，造成许多运用头脑的职业，最后形成一个交错而复杂的社会。

这种“直线世界”，甚至巧妙地将我们的意识、感觉分解，使原本该是一个整体的人的意识与生活感觉被细分，被许多看似高深莫测的专家们环绕。

所谓生活，本来应该是一件十分简单的事，但现在社会，不知为何却将它复杂化了，结果是使大家都变得非常忙碌。“忙”这个字，从字面可写成“心亡”即“心死”。

不断地被排好的时间表追逐，或许也就意味着失去本来的生活，处在一种“非存在”的状态。

时间表，只有在为某个计划书或愿望而做时，才有意义，但它也会因人的时间观，也就是人对时间所持的态度而有所不同。换句话说，我们不能机械地认为，时间只是一种物理的形态。

其次，过多的资讯，或许也是使我们的生活被细分化的原因之一。甚至有些人就连一些知道了也没什么用的资讯，都不惜费尽心力去收集，否则就昼夜难安，我们只能用“病态”来形容这种做法。这种病态，会使我们对一些真正有用的资讯感觉麻痹，变成一个光说不练的人。

如今我们所需要的是资讯生理学，一种发自生理的感性。这种感性，将使我们破碎零星的生活，重组成一个整体，这即是我们所说的有创意的生活。

希望大家都能找到这种资讯生理学式的生活方式。

创造整体而完整的视野

压力是我们生活中不可缺少的一部分。从压力这方面就可以了解我们周围生活环境的飞速变化，但这并不意味着生存本身变得比较困难。

如果从“温饱”这一点来看的话，我们的生活是变得比过去容易了许多。

而寻找一种适合自己的生活方式，似乎变得越来越困难了。

过度压力的起因究竟为何？它开始于工作不顺利，人际关系不协调，不能做想做的事，不安、不满、急躁等，这些可归结出，当一些事无法顺利进行时，就会产生压力。

而如我们所知的，如果我们不除去造成问题的原因，就无法解决问题。换言之，我们必须先设计我们的生活。

因此，确定幸福生活的方式、掌握自己的生活，才应该是缓解压力的中心课题。为什么我们在现代的生活中，不停地忙碌，不停地感觉自己总被某些事物所追赶？这是因为原本应该是整体的人的生活被细分化，成为一个个分别独立的情况所造成的。

而因为我们以为每个独立的部分都有其意义，因此我们不断地去追寻其中的每一个。由于其数量过多，所以我们变得十分忙碌。

此外还有一件我们应该思考的事，那就是，而今我们所拥有的大部分的东西都是吸收他人的。

或许我们可将这些“东西”，说成是“信息”。所谓信息潮水，就是我们自己不思考与我们生活有关的一切知识与智慧，而想将之委托他人所导致的现象。如果在这种状况下，我们没有学会将这些零星得来的知识信息加以整理与归纳的技巧，那么我们的头脑、心灵与精神日益混乱，也就是理所当然的了。换言之，既然“心亡”，人自然就会忙了。

对我们而言，当务之急乃是将至今所得的膨胀的知识与情报，整理归纳出自己的体系，并以此为基础，成为一个能够自己思考创新的、有智慧的人。

我们应该相信自己的头脑，不要因书上没写，报纸上没登载，电视未报道，或伟人没有如此说就感到不安，甚至丧失自信。

创造性的生活在于不断地发问

所谓思考，就是回答许多问题。而所谓用自己的大脑思考，就是自己创造并提出问题。只有当我们能“创造问题”时，我们才能以自己的眼睛去观察事物。从观察中得到知识，却不对之产生任何疑问，不能称之为是“用自己的眼睛”去观察。

如果我们打算继续依靠他人来过我们的生活，这是十分容易的，不但如此，即使我们不想这样做，当我们稍一注意，我们也会发现我们周围已充斥着大量来自他人的信息。

商业广告为其之最，所有的商品都随着为能使我们生活更丰富的宣传，而呈现在我们面前。

一种不需要我们自己思考的生活，似乎正在前方召唤我们。如果因此我们就能过着幸福的生活，一切就没有问题了。

但当有一天你觉得空虚，你想拥有自己的观点、自己的生活，想创造自己的人生时，你要从何着手呢？如果你不了解该怎么做，你就没有办法进行。

而事实上进行的方法，只有一个，那就是尝试自己向自己发问。

一边环顾周围，一边针对一些看似理所当然的事开始自问。我为什么要活下去？对我而言什么是最重要的？什么能使我欢愉？何谓生存？生活与人生又是什么？什么叫工作？时间为何？生命的意义何在？何谓创造？什么叫个性？什么是什么……在这样不断的问号中，我们开始发现我们不了解我们原以为自己明白的事物。

而当我们开始意识到自己的“不知”时，就会重新想“知道”。此时看书是没用的，最重要的是尝试用自己的话、自己的头脑去思考、归纳。

在这种时候，将这些问题结构化的5W及所创出的定义方式，一定会成为你的得力助手。

只要善用5W，问题自会引发出更多的问题，而这些的问题则会产生或创造出以你自己的话语来表达的答案。

生命的意义，就在于有疑问，并且能回答它。

如果你希望拥有具有创造性的生活，那么请不断对你周围的一切产生新的疑问。一旦你能做到，你的每一天将是充实且令人兴奋的。

思考人生

你对自己所生存的这个世界了解多少？

对人、对人的行为、对社会、对爱、对朋友、对经济、对金钱、对工作、对时间及对许多其他的事物，你又了解多少呢？

我们所必须思考的一切问题，都是由这些事物所产生的。凡事必有其原理、原则。而是否正确了解这些原理、原则，决定了我们的思考与行为是否能发挥其功效。我们非常需要一些能指示我们基本行为的原则，可被称之为人生哲学或生活艺术等的学问，但令人十分难以想象的是，我们周围竟没有这种学问存在。

将一切学问、学术细分化，巧妙地专业化的现代社会的偏差，使我们的生活日趋复杂，并产生了许多现代病。现代人已经失去了修正如无法控制压力，无法与人友爱相处，无法有效创造自己，不知道自己在做什么等偏差的能力。

将混沌的宇宙，以人的理性与知性加以归纳、整理，所创造出的人类的文化，因为彻底的细分化，又在逐渐走向混沌的状态中。

在这种状态中，我们必须说我们所发现的5W，是具有极大意义的。

将5个W所形成的结构图，在多方面观察运用后，我们发现它使我们生存的处所越发地明快简单。

我们可以用看地图的方式，来看它、透视它。

从今天开始，让我们一起来看这张5W图吧！

	What：对象 行为・行动・动作 目的・目标・愿望 事相・现象 人・事・物	
Where：空间 环境・处所・社会 构造・结构・网络	Who：人 主体・对象・成分 朋友・自我・欲望 生命・性格・态度	When：时间 人生・经验・成长 时代・时期・变化 期间・周期・机会 顺序・时机
	Why：价值观 理由・根据・原理 原则・理念・理想 潜在意识・逢迎	

5W 如图所示，是以 Who 为中心所组成的。

所谓 Who，就是对人所发的疑问。

所谓人，首先有“我”，也就是自己。换言之，5W 是一个以“自己”为中心的系统，没有一个系统能比它更好。因为至今为止，从来没有一个理论或技巧，是将“自己”放在中心的。

此外，虽然“我是我”、“你是你”，但同时我们也都是生物，都是“人”。因此我们都是依据“人的原理”，或者说“生物的原理”、“生命的原理”而生存着。也就是说，感觉、思考、饮食、行为等这一切的行动，都是根据生物的原理、原则所做出来的。

我们想吃甜食，想多睡一会儿，都只因为我们是人。而当这些“人的原理”，换言之，“肉体的原理”得到满足时，我们会觉得自己的生活十分充实。

人的肉体有各种功能，从看、听等五官的功能，到走、跑、睡、吃，也就是一切的动态的功能，再加上思考、喜怒哀乐、感情等功能，爱人与被爱的功能等无法尽数的，它产生人生的一切行动。

据说，使用这些“潜在的功能”，将会带来“喜乐”与“快感”。而当人不用这些功能时，人就是在病态中。

我们有出汗的功能。虽然因过

度闷热所出的黏糊糊的汗，会令我们十分不舒服，但因运动而自然流出的汗，虽然同样是汗，却会让我们觉得十分愉快而舒畅。

其次，我们还有成长的功能。而成长，对人而言也是一件极有快感的事。

有某种功能，意味着“你的肉体中已经储备了”这种能力。人生具有内在的功能，我们将之称做“潜能”。

能力开发，就是要引出这些“我们原已具备”的能力，换言之，就是要引出我们的潜能与潜意识。

生命的时间也就是人生

当我们越深入思考When（时间），我们越会发现它深奥而不可测。

首先，最重要的是，时间就是人生。所谓人生，就是我们从生到死的这段时间，人生除此无他。而正因为人生就是时间，并且是有限而非无限的时间，所以我们都希望能有效地去运用这些时间。

因此When就是问，你希望在这段时间内做些什么？你真正想做什么？你想在此之间有怎样的体验？

人生就是时间，在这有限的时间内，我们想做许多事，因此将时间做最大限度运用的技术，就变得十分重要。

有许多“如何善用时间”方面的书籍，但结果并没有任何效果，因为时间的管理，不单是技术的问题。当我们思考时间这个问题时，若不从人生的意义，对每日生活的期待，及希望如何生活度日的“人生观”来思考的话，是不会产生令人满意的答案的。

时间，也可说是物质变化的形式，因此需要求变。也就是说我们期待明天这个日子，能与今天有所不同。而也只有当我们期待变化，期待一些事物改变，才可能期待成长。

由于变化对我们而言是一件令人兴奋的事，所以我们才会向往具有创意的事，并对有创造性的工作感到激动。而新的、新鲜的、未知的、以后的、崭新的等这些字眼，也常令我们期待不已。

我们会对变化、完成一些事、成长感到莫大的喜悦，这就意味着存在。因此在时间的概念中，“变化”是格外重要的。

凡事都互相牵系存在，在转变、变化中寻求协调。这是我们在了解我们所生存的这个世界上最重要的概念。我们要铭记，凡事没有以“变化”作为其根本的理论，都是没有功效的。

连这个世界的原理、原则，都会随着时代而改变，当然创意也在不断地变化。事实上，正因有“变”，才会有运作，也才会产生能量。

生存活动的“人生舞台”

请试着思考空间（Where）这个词。

所谓空间，可以说是一种环境，一种状况，是我们生活的地方。

而 Where 就是问，我们该如何去创造这个空间。

此外，我们也可以将存在于空间中的事物或工具视为空间的一部分。而如何掌握这个“空间”的结构，就是我们研究空间这个问题的意义所在。

空间可以说完全是由点所构成的，完全没有线的联结。而正因其存在的不合逻辑，掌握其“结构”的意义变得格外重要。

如果在此我们仍以人为中心来思考的话，我们会发现我们最大的环境就在人之间，也就是“人间”。如果我们能明白人与人的联结就是“场”（即处所、地方）的话，我们就会逐渐了解，事实上一切的工作，都是产生在人与人之间的。

换言之，工作就是人与人之间的联结。

与谁见面，能得到自己想要的东西？

与谁相遇，能完成一些事？要过充实的生活，该认识哪些人？

在这个世界，不仅你知道什么事很重要，你认识什么人也很重要。

所谓 Where，就是创造你活跃的“场”，而这个“场”就在这人间。

成功，事实上是得自他人的，也就是有多少人需要你，有多少人支持你。因此，人之间的关系是一种财产，也是一种个人资本。

我们称建立这种关系，创造这种行动的环境为交流，也就是努力了解别人与被别人了解。我们一切的思考与行为，都必须是有交流的。

而所谓交流，是指不断准备可以给予对方东西的一种心态。施与受这句话中，施永远是在先的。

而所给予的东西，是使对方高兴、对其有用的“信息”。

新闻界经常传说这样一句话：“若无题材时，准备些趣闻去拜访人。”施与受是收集资料的第一步，也是其真意。大原则乃是给对方一些东西，并得到一些东西，也就是要经常准备一些可以给人的东西，准备一些令人乐于接受的礼物。

你有什么东西是可以给予他人的？请试将之列举出来。

穷究原理原则的姿态

What 与 Why 是表里一体的。

首先，由 What 这个问题所产生的世界是无限的，我们甚至可以说人所认识的一切事物都是由What这个询问产生的。

5W也是由What所产生的。由何谓人、何谓时间、何谓空间等问题，形成各种不同的“定义”。

我们称知道去问What为“知性”，其结果是确立了许多“定义”，“定义”就是看事物的观点。

因此除了What以外，“为什么”这个问题，也是非常重要。

我们已逐渐明了What与Why之间的关系是十分密切的。我们也知道“做什么”和“为什么要做”这两个问题，是互为表里的。

而我们称能掌握此二者之间的关系，去采取正确的行动为“有智慧”。

要把工作做好，一定要不断地问What，要使自己的生活更充实，也要不时地如此自问。这也就是“有智慧”地生活的意思所在。

在问“为什么”时，一定要有这个世界的各种现象、事物一定有其原理原则的认知，及以不断努力去探求此原理原则的决心为前提。而我们学习与思考的目的就在于，只要我们掌握此原理原则，凡事都能顺利进行。

在设计人生的结构时，Why这个问题，主要是在问“发现怎样的结构”。虽说是5W，但其中每个W的位置若有错误，或许就无法透析人生。

也只有当我们将每个因素放在该放的位置，一个有意义的结构才会产生。

由于5W是人生的结构图，因此也就成为思考人间一切问题的架构。而由经营问题、市场学、商品开发、广告宣传活动、人际关系、传播、动机所形成的各种范围的问题，也都是这个世界上的问题，因此都可以用5W来寻出解决之道。

为自己定下价值观

当我们在思考Who，也就是思考人，思考我们自己时，有许多必须知道的事。

我们发现，令人十分难以想象的是，我们在没有接受任何有关人、有关我们自己的知识的情况下，就已长大成人。

我们上学，长时间地受教育，经过无数次的考试，努力将最多的知识塞进自己的脑袋，但却没有学习任何有关“人”的系统的知识。

如何交朋友、如何赚钱、如何与人相处，这些无法计数的现实生活中不可或缺的事情，我们都只能自己到处摸索。由于到处乱学，当然也没有所谓的系统，但大家仍活得好好的。这只能归功于人本身的潜能的发挥。所以如果能更系统地接受这方面知识的话，潜能将能发挥得更淋漓尽致。同样的情况，也适用于有创意的生活。

到目前为止，你曾学过任何与过有创意的生活相关的知识吗？为了成为一个设计家，你曾进专门学校受相关的教育吗？学校教你什么呢？学校教你一切造型的基本规则，线的画法，颜色的着法，但却没教给你如何去创造。当然，也更不用提教给你怎样过有创意的生活了。

一般人在画画时，或许曾被称赞过有创意，除此之外，没有人也没有任何地方曾教我们如何生活得有创意。

大家稍微动动脑筋，就会明白其原因所在了。拥有自己的价值观，并依此过自己的生活，做不被认为是什么值得褒奖的事。大家有同样的价值观，在既定的尺度内过一样的生活，才是社会的观念。

但相信大家都已明白，所谓有创造力，就是有自己价值判断的基准。在这样的基准下，如何不逾越整体的社会规范，去过自己的生活，就必须针对自己与一般人做多方面的思考，逐渐就能游刃有余，从而走向成功。

人生最大的财富就是自己

所谓 Who，就是了解人。

自我突破、能力开发或自我实现，都始自 Who 这个问题。其余的 4 个 W，都是凭借与 Who 联结而活性化，其中尤与 Why 的联结最重要。而了解人之为人的肉体原理，对我们的思考或行动有极大的影响。

如前所述，我们并未系统地学习有关我们本身与其他有关人的事，但我们也就这样活过来了。这只有归因于人与生俱有的一种能活用生命定律的智慧。只要能学会活用这种生命的定律，你自然就能更有效地去思考与行动。而首先，我们必须相信生命定律这件事。

生命定律最大的力量就是成长。姑且先不论肉体，使心灵与智慧成长是很重要的，而是否能成长的界线就在是否愿意去尝试。

如果你真的希望过一个充实而有意义、深具创造性的生活，首先就要创造一个能过这种生活的自己。活用方法与信息的，同样也是自己。

你是否为了要过充实的生活，而正充实自我呢？

你是否正在培育自己呢？培育健康的身心，产生健康的欲望。为了满足这些欲望，而努力去过有创意的生活，才会使每一天充实。

你要怎样来健康地培育自己的身心呢？

你知道你为何忧喜，为何哀怒吗？

你知道身心如何密切相连，互

相影响吗?

有空时试试做一个透析自己的图示分析。试试单纯地与自己对谈，看看自己到底需要什么。了解自己是最困难的，这句话是可信的。正因如此，问 Who 才这么重要。

重新构建你的人生

当我们逐渐明白5W 的意义，我们自然就会发现这 5W，就是设计我们的人生，使我们过充实生活的体系。

当我们将自己生活中的行动与 5W 互相置换时，我们的许多创意，就会因此产生。

如此也就产生了这个 5W 创造出的系统，这也就是什么是使我们每天能充实度日的重点的“生活创意”。

	⑤What 在自己工作范围内的思考与行动	
④Where 创造自己行动的处所	①Who 决定自己的行动、订计划	②When 创造自己行动的时间
	③Why 对思考行动的看法状况的掌握	

作为“提高智慧，充实生活，实现自我”的目的，就是对问什么、思考什么，也就是该写些什么的“什么”的答复。

然后，只要对“如何做”这个问题加以回答就可以了。

5W 曾被称为是“发问的理论”。在 5W 的定义中，分别都有“问的说明”。在面对问题时，请尝试针对其疑问，创造出“答的说明”。因为只要能回答疑问，一定就可以掌握解决问题的线索。即使没有什么直接的问题，观察 5W，做一些时间表或计划，同样也能创造使你重新面对自己，展开更充实生活的契机。

当然，疑问并不只有这儿列出的，相信你自己就可以想出更多。即使是一些平常的疑问，也会因你如何回答，及回答的方式，而产生一些全新的观点。任何问题的答案都不止一个。

周围的事物是你的生活形态

信息，不只是文字与影像。你房间里的一切东西，你穿的衣服，口袋里放的小东西，都是信息的一部分。当然，这其中有一大半是由你所选购的。可能，你是从堆积如山的物品中，选择了一件或两件购买；或从同样功能的东西中，选择了自己喜欢的设计。这就是信息。

每一个设计都是一种信息，而当这些设计以你这个人为中心集聚时所呈现的世界，又创造了一个新的设计，也就是一个新的信息。这些事物，真实地表现出你的价值观。为你的生活形态定型的，也就是这些事物。

由于 Where 是思考围绕你的空间，所以这些事物在 Where 中，也是不可视而不见的。单纯的生活，也涉及该如何处理这些事物。

了解自己，是一件非常困难的事，但如果你能看清环绕在你周围的事物，至少可以从中见着一些端倪。

在不至于矫枉过正的限度内，试将你所拥有的东西明列出来。而条件是，不要以一般的条例方式，而用立体的方式来进行。

从列出的内容我们会发现，我们意外地拥有许多超过我们需要的东西。不妨想想看，经常用与几乎不用的东西的比例是多少？这或许能成为测度你理性的计量器。即使不能，在如此狭小的房间内，塞这么多东西，是适当的吗？在你列出你所拥有的东西的同时也整理一下如何？

此外，所选出的事物会形成你的世界，这件事，也是超乎人的意料的。有好东西，有设计精巧的东西，会成为使你的感性敏锐或迟钝的关键。

设计过的信息，不仅会刺激你的大脑，也会刺激你的五官。这些刺激会使你的感觉敏锐，使你的精神、心智昂扬，使你真正地成长。

第四章　从做一个有创意的人开始

你并不是一个全能的富有创意的人，但是你却可以发展自己所具有的创新潜能，而对你的生活有所助益。

你要规定自己固定的阅读与学习的时间，不然闲暇时多半会将时间浪费在一些不需思考，不用大脑，且毫无建设性的娱乐上。

我们现在所处的是信息爆炸的时代，需要物质和智慧的结合。不论我们从事何种职业，也不论我们对其兴趣如何，社会都会对我们提出出主意的要求，而不允许我们说“我不知道”。要想在事业上有所成就，让生活富有新意，我们就需要时时挖掘、提高自己的创新能力。

创新并不难，只要我们潜心努力，就会在身边发现它。对某一个人而言，创新可能是指发现一个新的星体，对另一个人来说，可能就是打网球，更有甚者只是试试新玩意而已。心理学家马斯洛认为，煮一碗第一流的汤比画一幅次级的图画更有创新性。

在本书中，创新能力是指个人能够产生对本身具有价值的新构想和新领悟的能力。虽然同样的构想已被别人想过，或者这种构想并不被认为具有新价值，但是只要你能够想出来，而且也能满足自己的需要，你就是具有创新能力的人。

创新者的特征

富于创意的人具有高度的动机和能力，以找出有价值的问题。他们能找出问题的焦点所在，然后全心全意地设法解决。他们对于自己以及别人的新观念，感受力相当敏锐。他们能够根据自己的知识和经验，混合直觉和判断，来选择最佳的解决方法。他们也具有无穷的精力和恒心，使构想得以付诸实施。

1. 找出有价值的问题

富于创意的人能选择一项特定的生活目标中一项特别的活动、职业、兴趣，例如艺术、运动、科学、烹饪。如同心理学家富兰克·巴伦在他的《创新和人的自由》一书中所说：“即使那些经常富有创意的人，也只能期望在某一方面或两方面非常杰出。”他们对于自己本行的现况有充分的了解，并且对于本行的缺点、需要和机会都相当敏感。

富于创意的人并不要求知道所有的答案。他们着重于增进自己在本行的成就，而不在于令别人刮目相看。他们设法使自己的经验和理论系统化，使其更实用、更有意义。

2. 材料的准备与运用

思想是根据需要而调动储存在大脑中的各种各样的知识、经验的表现，有时以从未有过的组合形式表现出来，但是不会出现该人所没有的知识和经验的组合形式。这里尤其不能把知识、经验局限于在学校或其他地方有意识地学习得来的，那些在不知不觉中所经历的事物也应成为材料。总之，如想推出良好的创意，重要的是从各个角度准备丰富的材料。

然而，有的人尽管有着丰富的知识、经验，却拿不出一点儿点子来。这一方面是因为他缺乏发现问题的意识或灵活性（知识、经验越多，灵活性越容易受拘束而变小），但另一方面，不善于运用材料也是重要原因。

如果不能适时地调用所储存的材料，那么好端端的知识和经验也往往毫无价值。

3. 开放观念寻求答案

富于创意的人丰富的经验和过人的敏感性，有助于他们选定创新课题。这些课题不会困难到没有答案，也不会容易到答案一看便知而毫无价值。富有创意的人，凭借他们丰富的知识、直觉、感受来寻找问题的关键，不只是问题的表面现象。

创新者一般都具有相当的远见、冒险的心理和独立的判断，能够从不同的角度来考虑各种可能的答案。他们从自己的内心、他人以及环境中，得到不同的想法和线索来寻求问题的答案，而且能够忍受问题及其答案的模糊性。他们时常反复思索一些不完整，有时甚至是愚蠢的构想，忍受那种长时间没有即时答案的焦虑和等待。

具有创新意识的人都很信赖自己的感觉、潜意识以及精密、系统的思考。他们能够耐心地等到一个合理的答案的出现，依赖自己潜意识的思维帮助自己找出最后的解决方法。

4. 狂热的追求

我们发现有创新能力的人对自己的所作所为有一股狂热，我们不知这股狂热是否与生俱来，但在这种人身上可以嗅得出来。假如一个小孩在家中只要一表露出这种热情，额头上就被敲一下，并叫他“坐下”，那么他还能有多少创新热情呢？这就是为人父母面临的一项重大挑战，如果你在孩子身上发现了一些能使他们今后成功的潜在因素，虽然有时这其中某些因素会使你难受、不耐烦，你也必须强迫自己听孩子说话。如果你不这样做，不支持他们的创新热情，他们可能在长大成人之后，便会失掉了创新想象力。

5. 机动灵活性

那些思想执拗、顽固、缺乏随机应变的素质和生活态度，或者思想偏颇的人，是很难推出新思想的。

有灵活性的人并不拘泥于既成的习惯、某件物品的名称等，而着意赋予它们以新的活力。这便成了动机，以致推出新思想。

头发烘干器，顾名思义是烘干头发的工具。可是有灵活性的人却不只是把它当做头发烘干器，在烘干墨迹、洁化美术作品等方面也把它派上了用场。

一位有灵活性的家庭主妇用烘干器消灭了蟑螂。她的做法是用头发烘干器向躲在厨房旮旯的蟑螂吹送热气，再用吸尘器把耐不住热气而跑出来的蟑螂一下子吸进去。还有人用烘干器烘干潮湿的被褥。有人尿了床而羞于晒被子，于是偷偷地把烘干器塞进被窝里，结果效果很好。后来发明的被子干燥器就是从这里得到启示的。

6. 付诸行动

无论是由意识或潜意识思考得来的初步构想，通常都是不完备的。这些构想都必须加以修改、清理和简化，以成为有用的解决方法。创新者应具有必要的坚韧与毅力，以完成这项艰苦的工作，同时应具有必要的勇气与自信，使得创新思考付诸行动。

创新者乐于把挫折视为对自己创新能力的一种挑战，能够不在乎他人的批评而自行其道。但是如果别人的批评合理，他们则会坦然修改，甚至放弃自己的构想。

创新者能够从失败中吸取教训，并且再度尝试。他们知道处理困难问题时，犯错误是免不了的。他们无法忍受生活的无聊，而不断地试着加以改进，关心自我的评价胜过于关心别人的评价。

富有创意的人都很愿意努力工作。发明家、艺术家、科学家可能是社会中最努力工作的人。有创意的人都具有成年累月专心工作以获得成果，或求得解答的特性。

上述对于富有创意者的特性描述，可能无法完全符合某一个人。因为有的人可能擅长于了解时机，有的人可能精于灵活思考。没有人是面面俱到的创新者，但应认识到，我们对于解决某些问题的富有创新的潜能，在其他方面也可以加以发展。

我们中许多人都有某些缺点，如发音不清、身体有缺陷等，但这些根本不能阻碍我们创新能力的发挥。要知道，作家萧伯纳的英文拼写能力很差；爱因斯坦、爱伦堡（小说家）和伦琴（X 射线的发明人）都曾退学。富兰克林、毕加索的数学成绩也很差；爱迪生曾是他班上的最后一名。身体上的缺陷也不可以拿来作为缺乏创新能力的借口。路易斯·帕斯特于中风之后，半边大脑受损，但仍然在医学上有很多伟大的发现。因此，即使你了解到自己并不是一个全能的富有创意的人，你仍可以发展自己所具有的创新潜能，进而对你的生活有所助益。

开动你的思想机器

一位很有激情、但尚未取得过成功的年轻作家找到我说："我的问题是整日、整星期过去了，而我却只字未写出来。"

我对他说："写作富有创造性，你必须有灵感。你的思想必须带动你。"

是的，写作需要灵感，可是，只有行动才能导致下一步的行动，这是自然规律。没有什么东西会自己发动起来，同样的道理也适用于你的大脑。你只有正确地调整你的大脑，使它处在正常的状态下，它才能为你思考。

一位销售经理是这样训练他的销售员的。

"对挨家挨户走访的推销员来说有一个很大的困难，即使对有经验的推销员来说，一大早去敲顾客的门也不是件容易的事情。所以，推销员们总是推迟、拖延。他要多喝几杯水、在附近徘徊或做些能消磨时光的事情。"

"我告诉他们，唯一能使自己行动起来的方法就是开始去做。停下车，带着样本，走进客户的办公室，笑着说一声'早安'，然后开始介绍。这一切都是机械性的，无意识中就可以做到。第二次、第三次，你会做得更好，更富有成效。"

一位幽默大师说过："生活中最大的困难莫过于从一张热乎乎的床上来到一个冰冷的房间。"他说得对。你躺在床上的时间越长，想着起床后的痛苦，想得时间越长，你就越难起来。

掀开被子，站在地上，这样简单的机械动作就会使你战胜忧虑。因此，不管想做什么，只有你去带动思想，不能等着思想去带动你。

请做下面的训练：

1. 用机械性的方法做些简单但又不想做的事情和家务。雷厉风行地去做，不要去想那些事会多么让人头疼。

不妨今天就开始试试：选一个你最讨厌的事情。然后，不要多想，马上就开始做。这是最有效的做家务活的方法。

2. 机械性地推动思想，制订计划，解决问题，做大量的思想工作。绝不要等你的思想来带动你，而应该先做起来带动你的思想。

这里有一些特别的方法，保证对你有帮助：只用一支铅笔和一张纸。它们能让你集中精力。

当你把想法写在纸上时，你就会把全部注意力自然地集中在这个想法上。因为你的大脑不会在你写这个问题的时候再去考虑另一个问题。当你把自己的想法写在纸上时，你也就把它写在大脑里了。试验证明：如果你把想法写在纸上，你会记得更久，更清楚。

一旦你掌握了“铅笔——纸”这一技巧之后，即使在外界干扰严重的情况下，你也能思考。思考的时候，随便写写画画，这是带动你思想的有效方法。

把你的创意写下来或画出来

当一个建筑师想到了一个关于一座新建筑的创意时，他会赶紧画一张草图把它记录下来；当一个富有创造力的广告商想到一个新的电视商业广告的创意时，他会把它以图画的形式表现出来。一系列的图画将显示出这个创意完成时是个什么样子；作家则把新创意列成创作大纲或草稿。

因此，应尽量在纸上把你的创意写下来或画出来。这样做有两个好处：首先，当创意以实质形象出现时，你可以切实地看着它，看到它的漏洞，看到还须做哪些修正；其次，创意必须“卖”给你的某些顾客、上司、朋友等。你必须以具体的形式把创意告诉他们，并且使他们接受你的创意，否则它就失去了实际意义。

两位人寿保险公司的推销员同时与一位顾客联系，他们两人都希望这位顾客在他们各自的公司投人寿保险。两人都答应给这位顾客带一份保险计划，以便他了解有关事宜和进行某些改动。第一个推销员带来一个严密的口头计划，包括税收、选择、社会安全以及保险计划的所有细节。但专业术语及各种复杂的款项使这位顾客迷糊了，所以只好说不行。

第二个推销员采用不同的方法。他把他的推荐制成图表，所有细节均以图表的形式表示。这次，顾客可以很快很容易地接受他的建议，因为他能形象地看到这一计划。第二个推销员推销成功了。

把主意化为一种形象的形式。一个书面的或者某种形式的图画、图表在通常情况下比口头建议更有说服力。

培养创造力的训练

要想做一个有创造性的人，日常的训练是绝对有必要的。一个人只要有所领悟并能下工夫，机会多的是，然而事实上却有许多人不去善加利用这样的机会。

决定人类头脑优劣的，并不是常说的脑重量，也不是大脑皮质层皱纹的深度，当然，更不是脑的形状。头脑的好坏，完全依头脑运作的良好与否而有所不同。这就好像用同一个照相机拍摄物体，技术好的人拍出来的照片自然好看。同样的，头脑好坏的差别完全在于使用方法，平时只要多加训练，头脑自然变得灵敏。反之，只知嬉戏游玩，头脑当然变得迟钝。

头脑不像机器零件在持续的使用之后会损耗而必须更换，头脑通过不断地运作会更加灵活，你越是经常锻炼它，它就会变得越有效率。但是若完全不加以使用，那么结果就是跟停止使用的机器一样，即使再复杂、功能再强大的机械装置，或是再聪明的头脑，不加以运用终究会锈掉。

你要规定自己固定的阅读与学习的时间，不然闲暇时多半会将时间浪费在一些不需思考，不用大脑，且毫无建设性的娱乐上。放松自己固然重要，但是不断获取新知识以充实自己也是必需的。所以最好把每天的时间进行分配，以便能够做到二者兼顾。

学习的过程就像记忆事情或听一个老师讲课一样需要用心。如果你用心的话，学习一项新技术新技巧之后，你就会掌握学习其他事物的诀窍，你也因此可以活到老，学到老。即使是最简单的技巧，有时候也会让你对自己有更进一步的认识。

没有人可以替你学习，你应该假定自己总有一天要面对成长的挑战，而到时候你曾学过的各种技巧都会派得上用场。画画、速读或健身的学习方式，就如同学习如何处理逆境、伤感或巨变。如果懂得如何去学习，你不仅在为未来无法避免的变化做准备，同时还可发挥自己的潜能，你甚至可以发现自己居然有绘画方面的才能，只是你从来没有考虑去发掘而已。

寻求刻意的创新技巧

我们每个人的思想就像天上的云朵，因其周围的环境变化而往往随风飘扬，偶尔形成一个清晰的影像或念头，不过，大部分则消失得无影无踪。思想的形成有时如暴风雨来临一般地极具冲击力，有时则平静无声。

有时我们的大脑接收外来的知识，就如同白云吸收水汽一样。如果这些外来的知识充足的话，那么创新的灵感，就如大雨般倾泻而下，并且滋润具有生命力的心田。否则，这些云朵就会消失而不会释放出任何水汽。

有意识的、刻意的以及创新的思考方式，会引导我们思维的方向、催化新灵感的出现、加速产生对许多问题解决的构想。而这些解决问题的方法，对个人和社会而言是有很大价值的。

如果有人说："我不能做有创新的思考。"其最主要的症结在于不能与自己本能的创新能力配合。换句话说，他们很可能就是缺乏技巧与艺术感，不能引导创新的意念。

我们之中有些人的创新是碰巧发生的，也就是突然有一种领悟而产生的创新。这种意外产生的创新，具有很多偶然性，在这种快节奏的生活中，无法配合我们的需要。另外一种刻意的创新思考方法，就是要刺激、指示、强化、引导和加速我们天生的创新能力，使它能在更恰当的时候配合我们的需要，产生新的灵感和新的洞察力。脑力激荡术的创始人欧斯博曾说过："就如同一方面我们可抑制自己的想象力，但另一方面仍可加速我们的想象力。"

心理学家马斯洛指出："假如有一盗贼突然良心发现，想重新做一个诚实的人，那他除了心中驱除偷窃之念而努力去做一名诚实者外，别无他法。要努力成为诚实者，必须靠自觉。"刻意的创新技术、策略、催化剂和激荡力，都不如天然的创新力来得有力。尽管如此，如果我们的天性没有足够的创新力，但希望能更具创新性，就必须从刻意的思考和自觉上来下工夫了。纵然这样做很可能看起来有点矫情做作，不够自然，但是在此转变的时期，再也找不出其他的方法了。

即使是从桌上拿起一根香烟那样简单的动作，也不可能仅由一个人意识的思考或意志完成。当你努力用一种新的并且可能是最好的姿势来击打网球时，往往头一次都是失败的，不过，如果不断地练习，使其在心中站稳一席之地，就会渐渐地精于此种姿势，以后就能很顺手地在球赛中击出了。

心理学家常会提出这样一个问题，那就是人们通过解决问题而学习到某些特殊的方法，是不是这些特殊的方法会变成固定的习惯，而对其他问题的解决产生障碍？本书建议的培养创新能力的方法，就是要对抗这种死板的思考方式，以增进富有弹性的联想。

我们现在所要讨论的创新方法，起初是不自然而且有强迫性的，但最后却能使我们更接近于自然的创新，而不是远离自然。我们的意识以及所处环境的力量会歪曲我们自然的创新力。经过刻意思考而产生的创新力，可以提供一条走回自然创新力的康庄大道。

经过刻意思考而产生的创新技巧，可以帮助我们克服一切横在创新面前的障碍。这些技巧可以帮助我们在某一段时间里，集中精力攻克一个问题，而不会被太多问题所击垮。帮助我们在解决问题的创新步骤上，免遭挫折。它更能帮助我们善用自己的心情和聪颖的大脑。它亦有助于我们认识暂缓判断的价值和如何寻求更多的构想。这些技巧不但使我们在思考时觉得怡然，而且使我们能以轻松和愉快的心情去解决问题。因此不仅能产生许多新领悟和新观点，同时增加了我们天然的创新能力。

我们都是问题的解决者。有些人可能并不认为成为一名解决问题专家是一种艺术。不过，有一位艺术家曾讲过，在艺术工作里常纠缠着许多问题，但不论在意识或潜意识中，每一个艺术家都努力要解决横在他们面前的问题。这位艺术家说："最近我找出一个艺术上的问题，并尝试去解决它。举例来说，我想在黑暗中画一个黑色的物体，为了成功地把它表现出来，我可能要花上几年的时间。一旦此画完成并且符合我最初的理想，它就成了我绘画技艺中的一部分。并且能使我运用这种技巧再去解决其他问题。"艺术家们不仅会解决问题，而且更能从中学到如何才能有意识地刻意去解决问题。

在本章中已提到一些被认可的创新技巧，下一节还将会提到一些新技巧。没有一个技巧是适合于每一个人的。你可以对不同的创新技巧加以实验，选择对你最合适的某些技巧，并加以修改，使其能够更合乎你的需要。你或许会发现，没有一个方法是完美的，然而除非你对于自己既有的创新力非常满意，否则，这些方法还是提供了使你变得更具创新力的一些途径。虽然运用这些技巧，只是迈向创新能力的小小一步，但却是非常重要的一步，因为它打开了通往蕴藏着丰富创新力的大门。

创新的构想要做到量中求质

要有创新技巧，首先要发展出许多构想。对一个突发的构想或问题的答案，紧紧抓住不放，往往有碍于创新构想的产生。不过，如果要解决的是个小问题，那么这种做法或许是适当的。但如果是个大问题，而我们知道一些新奇且富有创意的解答，则需要许多构想，且越多越好，以便从中精挑细选。

即使我们有了第一个答案，我们仍然可以继续寻求更新更好的解答，假如没找到更好的，则仍可回到原有的解答上。如果我们想要一个既新鲜又好吃的苹果，当然不会去拿第一次挑的苹果，而必是精挑细选，选出最好的。又好比不论是奥运会、学校奖学金评比，一定都有许多竞争者，一般来说，竞争者越多，选出最优人选的机会也越大。

爱迪生为了发明电灯而产生了3000多个与电灯有关的构想。每一个看起来似乎都很合理，但其中只有两个能证实他的理论，并制成专利品。爱迪生曾说过，为了解决一个技术上的问题，他愿意尝试各种方法。凯特林为了制造一个新的柴油机，不断地尝试各种方法，直到6年后才获得成功。著名画家凡·高也说过："我不断地绘画，直到一幅与其他几幅不一样，而且似乎是不平凡的作品时才停笔。"

太平洋电信公司为了做一次7秒半钟的演说录音，录了25次才成功。工作人员为了使录音能让人感到温暖并具权威性，反复地进行揣摩，甚至每一个音节都经过研究。录音者是一位专业演说家，而且是美国联邦广播电视网的职员。由于这个录音信息相当重要，而且每天有200万人在收听，所以在选出最好的录音之前，共试验了25次。

有一项研究证实，具有创新性的构想，往往是从众多的构想中产生的。越到脑力激荡的后期，所产生的构想越佳，越具创新力。最初的构想可以激发、带动并提供灵感给后来的构想。当我们用尽了构想，就会被迫去思考新的构想。

我们需要思考新奇事物的每一层面，利用可能造成联合的每一个机会，并对它们做最公平的审查。因为它们之中，千分之九百九十九会变得毫无用处。其原因可能是它们本身毫无价值，或者是我们不晓得如何去发掘它们的价值。不过，虽然我们抱着怀疑的态度，但我们最好尽量去考虑每一种新奇事物，或许第1000个构想可能会改变整个世界。

侦探大师福尔摩斯在调查案件时，总是以开放的心态去侦查。即使在某些凶杀案件中死因看来似乎非常明显时，他仍会观察到许多可能的致死原因。

一个采珠者驾驶他的船到蚌床处，然后脱掉衣服，穿上潜水衣，戴好头盔，背着装蚌袋潜到水下。他很有效率地收集蚌蛤后，就游到水面上，回到岸边，将每个蚌都打开。显然，他绝不会找到一个蚌就浮上来，打开蚌蛤找珍珠，如果没有珍珠的话，再重复这些动作。

采一个蚌就浮上来一次，我们都知道这是很愚蠢的做法。但是我们大部分人都是以这种方法去寻找构想。我们一旦靠想象力捡到了一个“意念之蚌”，我们会立刻穿上批判的外衣，对这个“意念之蚌”加以批评一番，然后再从头寻找另一个“意念之蚌”。但是在脑力激荡术中，我们要全力寻求所有的“意念之蚌”，我们希望在做最有效的评估之前，能够将所有的“意念之蚌”都收集在一块儿。

我们可以从下面的例子中，学到所谓从量中得到多样性。“尽量举出你所知道的鸟类，至少 25 种。”大多数人举例子，开头大概都是燕子、杜鹃和金丝雀，当他们把这些种类的鸟写完时，就会迫使自己去写另一种类的鸟，如火鸡，接着就会写鸡、鸭和鹅等，再写下则会写到鹰类，如老鹰、猫头鹰等。一旦我们以一连串有相似性的鸟类起头，如鸡和鸭，我们就会被困在此思想链中。如果我们迫使自己为“增量”而努力，那么我们可能会因此而突破，走向一条新的思路，产生更多的构想。

“量”的重要性，可以说是创新的中心点，这已为心理学家所重视，并用以测量创新能力，很多测量创新多半是测量产生许多不同的构想的能力，以作为测量的中心指标。当我们面对一个问题的时候，要尽量联想各种解决问题的构想，我们所列举构想的数量多寡和多样性，往往是决定创新能力高低的关键。

妨碍我们得到许多构想的原因之一，是我们只想要好而又稳当的构想。而很多好的构想都是在一些不适当的构想已经被考虑后才产生的。这些不适当的构想常常是好构想的基础。在一切相等的情况下，每一单位时间内，如果有人能产生很多构想的话，则他得到好构想的机会比别人大。

得到创新构想的根本方法，就是要先产生许多构想。即使是差劲的或是离谱的构想，都能引导我们变得更具创新性及多样性，到最后则能选出最好的构想。丘吉尔说过：

"没有一个构想是非常怪诞而不需要加以考虑的。"孕育思考，暂缓判断，脑力激荡术及分合法等，都有助于我们得到许多构想。

脑力激荡术

脑力激荡术很可能是运用最普遍，但却是我们最不了解的提高创新能力的技巧。很多人把脑力激荡术这个名词解释为产生新构想的任何步骤，或认为是任何团体解决问题的步骤。但实际上，它是一种产生新构想的活动。这种技巧强调暂缓判断和批评，以克服对于创新能力的妨碍。它鼓励我们产生许多构想，包括荒诞和愚蠢的构想。希望这些构想会引导我们产生具有创意的构想。这种方法，除了产生传统性的构想之外，也产生新颖而有创意的构想。

脑力激荡术的原理在于，当你大量地提出微不足道的、平淡无奇的想法时，你的大脑逐渐开始良好的运转，大脑受思考事物作用的刺激，改善了其血液循环，同时在思想上会发生连锁反应。"如果情况是这样，如此是否可以？且慢，也许可以用这种方法试试。"就这样，想法一个接一个地涌现出来。如果无论如何也找不出下一个想法，就需回味一下已有的想法，或对其稍做推敲，加以改进，于是又会产生连锁反应。

有一位珍珠大王说道："我和我的部下足足拿出了 3 万种有关人工制造珍珠的方法，其中约 3000 种获得专利，然而投入生产并真正有所收益的方法却只有几种。那么可以认为余下的约 29990 多种方法纯属无稽之谈。然而正是有了那些无稽之谈，才拿得出像样的办法来。"

为了拿出办法，先不去考虑办法的优劣，只需源源不断地提出想法。如果好的坏的一律拿不出来，又谈何好主意呢！

暂缓判断的观念，是脑力激荡术的中心主体。一个人同时要创新和批评，就好像同时想从一个水龙头接到热水和冷水一样，构想不够热，批评不够冷，结果就呈微温状态。脑力激荡术的两个必要规则：

1. 暂缓判断。当脑力激荡术进行时，不要批评任何想法，而要在许多构想已经产生之后，再从中挑选出最好的一个。

2. 尽量想出一大堆构想，尽可能以最快的速度将其列出。利用可笑的构想刺激传统的构想。

脑力激荡术常被认为是一种团体解决问题的技巧，是一种利用团体中人们的构想相互刺激的现象。然而，独立的个人也是可以使用此方法。

在团体脑力激荡术进行中，亦须遵守：

1. 暂缓判断（碰到有趣的说法时，当然大家报之以哄然一笑为好）。

2. 追求那些不为常规所束缚的自由奔放的想法，那些奇特、可笑的想法尤应受到热烈欢迎。

3. 不计较想法优劣高低，比之质量，更着眼于数量。

4. 为别人的想法锦上添花，尤其欢迎开过火的玩笑或恶作剧。

集中目标还要从大处着眼

有一种达成理想未来的方法，它要求通过你自己的想象形成一个新的自动反应形态。也就是假定你未来所希望的事情现在已经实现，那么在行动上你将会如何地表现呢？

例如，告诉你自己，希望成为目前所任职公司的经理，那么每天早晨你放松自己，闭上眼睛，仔细运用想象力加以描述，就好像自己“已经”成为经理。这些每天的努力，会使你的心志集中于你的目标上，持续不断地这样做，你将会在最近获得经理的职位，或至少越来越接近它了。

当你想要衡量某种情况时，还要做到通盘考虑，绝不可单单只注重细节。如果你目前在工作上有麻烦，如果你不满意目前所做的事而且心里觉得自己也许能得意于另一种状况时，你就要通盘考虑事情。放眼大处之后，你就知道自己不该专注于一时的失意，而应该以此为契机继续向前努力，因此现在就应该开始为最终的目标做计划，尽量从目前的情况中学习，而且知道自己不会永远是目前这个样子，不久的将来情况就会有所不同。

你目前的人际关系是否出了问题？你是否觉得这关系平淡无奇，不似想象中或不像以前那么令你满意？果真如此的话，放眼大处，把这段关系看做是学习的经验。如果有某些时刻令人痛苦——如果你们彼此斗嘴、冷战或怒目相向，就要扩大视野，你自己对这个冲突要负什么责任？你要如何调整态度才能缓和矛盾？仔细想想这个人在你生命中所占的位置。你能够找出你们的感情基础并根据这个基础去营造你们的关系吗？如果不能的话，你能否把通过这段关系所学得的经验用在下一段新的关系里？

决定完全在你自己。你可以只看生命中的每个事件，并且只专注于此。你也可以从大处着眼，并且设法找出其意义。

古今中外每一个人的生活里，都会有数日、数月，甚至数年不如意的经历。问题是，你自己要过什么样的生活？从大处着眼并且扪心自问，你或许就知道你目前的生活实在不坏，或至少比想象的还好。

培养着眼于未来的洞察力

是否一个有关未来的、宏大的计划能给人生增值？掌握获取成功的基本原则是：问题的关键不在于一个人现在是否重要，而在于他应拥有一个成为重要人物的计划与雄心。

沃尔伍兹是美国一家五金行的职员，他最初的目标只想当一名称职的员工而已。但是当他的老板对堆积如山卖不出去的过时货品产生抱怨时，沃尔伍兹的心中遂产生一个新的念头。

“我可以卖掉这些东西。”他说。在他的老板同意之后，他在店内摆了一张台子，并且把那些卖不出去的东西都拿出来，然后在每样东西上都标明10美分的售价，这些东西马上销售一空，他的老板也尽可能地找一些能放在这张台子上卖的东西，而这张台子上的东西，也就成为这家店里销售量最好的商品。

沃尔伍兹有信心将他的新点子应用在店内的所有商品上，但是他的老板当时却没有这个信心。最终沃尔伍兹很快地就在全国建立起销售连锁店，并且为自己赚进了大笔财富。他的老板曾经说过：“我拒绝他的建议时，所说的每一个字，使我失去赚到大约100万的机会。”

沃尔伍兹最初只抱着想要成为一位称职员工的平凡目标，而他的想象力已随时准备好可行的点子，足可以作为他的后盾。他当然为他的老板多付出了一点点，但是他的老板不具备和他一样的洞察力和想象力，致使其他投资者和沃尔伍兹结成智囊团，并从他的点子中获利。

你应记住：世界给我们的标价有待于我们对自己的估价。

下面几点是如何培养你的洞察能力的关键。如何着眼于将来，而不仅仅是现在。

1. 练习给事物增值。问你自己：“我能做点什么才能给这个房间或者这所房子、这笔生意增值？”找出可以使事物升值的主意，不管它是一块空地、一所房子、一个企业，都可以制定使它增值的计划。

2. 练习给人增值。当你在社会上的地位越来越高时，要经常问自己：“我可以做些什么以增加下属的价值？我可以做些什么才能提高他们的效率？”记住，如果你想挖掘他人的优良品质，你首先需要发现他的优良品质。

3. 练习给自己增值。每天与你自己进行一次交谈，问自己：“我可以做些什么使我的生活质量更高？”不但要看到现在的你，而且要看到将来的你。然后具体的获得潜在价值的方法将会自然涌现。不信，你可以试试看。

通过创意笔记刺激你内心深处的思考

现在的你已经具备了“我办得到”的心理准备，并且随时将开发创意的意念铭记在心，创意便会不可思议地泉涌而出。但是创意的源潮，何时会涌现脑际却无法预知。根据多数人的经验，当你一心专注时创意往往不会闪出，反而当你从事一些完全没有关系的工作时，或做一些轻松的工作时，创意会在不经意间突然冒出。而且创意也不能永远保存在头脑里，等你需要时再取出来应用。一个将新的创意保存收藏以备不时之需的人，不过是记忆衰弱的奴隶而已。

所以，要想随时抓住突然浮现的创意并予以保存，只要笔记不离身就可办到。当你读到任何具有创意的信息，或看到、听到它们，在脑中闪现之刹那，便要马上将它记录在笔记本上；或是当你思考任何特定的问题需要一些创意时，就取出笔记本，什么都好，将你所想到的创意毫不保留地写下来。

这项简单的行动，就如同埋藏在你内心深处汲取水源的工具，很可能在一年内，也无法出现的创意，只需在极短的瞬间就能产生出来。对于那些为了谋求合适职位而感苦恼的人，或想扩大公司规模的经营者而言，这项技巧的效果相当惊人。

在相关的、必要的创意主题上，不妨试着写出 6 项或 8 项的创意明细表，再多也无妨。例如，你可以将增加收入的新创意列表，或有关自己公司新产品的创意列表等，这些应该不是困难的事。其他有关开源节流生活费用的创意、谋求更好职务的创意、改进目前工作效率的创意、让妻子（或丈夫）更加幸福的创意等，若要一一列出可真是不胜枚举。

刚开始，你并不需要担心你所写出的创意多么可笑。列表的目的，只是要唤起你的潜在意识，用来激发更大潜在的创造力，更加清晰明确地显示两者互为表里的关系。你所列出的创意明细表，即使在刚开始没有派上多大用场，也不必失望，最重要的是此举已激发出你创意的动机与能力。

有时候，这种创意列表方法并不具有任何效用，但这绝不表示你所花费的心思徒然付诸流水。因为当你试着列表时，你的这番努力，就已经刺激了你内心深处的思考。只要你铭记在心坚持下去，总有一天，意外的惊喜一定会降临的。

有效运用潜意识的笔记制作方法

为了援助意识的整理活动，请预先把纸准备好。

第一个是“问题的要点”，问题的性质是什么，必须一行一行约略地记载下来，这就是“点火”的步骤。接着列下可供参考的解决对策，请将与问题有关的创意全部不加保留地写出，这便是催动潜意识，助其开始发挥作用的步骤。然后是“我目前的想法”，将自己得出的结论分别适当地写出肯定与否定的答案。为什么要这么做呢？因为问题的解决方法，常常出乎意料而产生，从前认为行不通的结论，这时可能会发觉已成为恰当的解决之道。

当我们在做这种笔记时，不管是任何问题，决不可违背意识写出，至于会得出什么样的答案也不必管它，只要交给潜意识去处理运作即可。

也可以在纸的右上角设定“反省日”作为问题大致解决的期限。如果期限到了，仍无法想出对策的话，可以在预定解决的当日，再慎重地读一遍所写出的问题，而后在“我目前的想法”栏里的最下方，填入重新自省之后所浮出的新想法。

如此一次两次反复地阅读笔记，足可刺激潜意识而得到问题的解决方法，即使一时无法得到，也无须担心。因为这个问题已经被充分加上了火候，再一次将它交给潜意识，你只要安心地从事其他工作便可。

一旦使用了这个方法，几乎可以断定，根本不必操心意识的力量，最佳的解决之道便会自然地产生出来。

创意笔记制作要点

希望你注意一点，制作这个笔记的目的是想制造出诱因，好让创意由潜意识里迸出。

这里也希望你不妨做一个小小的投资，比方说，花个 30 分钟集中精神，以促使心理活动顺畅展开。接下来，我们再将创意笔记的制作重新做一次整理。

1. 请你找出事情的问题点。比方说，如何做有利的投资？如何才能使精神更为集中？如何才能向公司提供一个缩减经费的建议？如何才能使工作更加顺利？如何才能舒缓压力？如何才能使自己的人生变得更为朝气蓬勃？等等。

2. 刚开始制作笔记时，即使写出的事项寥寥无几，也不必灰心。你只要拿着笔，竭尽所能想出任何相关的创意并将之写下来。如此过了 30 分钟之后，最起码也能列出 10

项，而这其中一定有一项创意是有价值的。

3. 当你检查笔记时，可能会发现有许多毫无意义的项目，但这并不意味着你的努力是白费的，而是你有必要进一步催促你的潜意识去处理这个问题。即使最后发现这些创意一个也派不上用场也不要紧，因为你已经将种子深植心底了。总有一天有用的创意会在适当时机泉涌而出。

4. 这个技巧在当你站在人生某处转折点时，具有很大的催化作用。如果你已站在改变环境、突破自我、企图使自己的身价快速上涨的分水岭时，为了朝气蓬勃地迈向成功，请务必使用它。在搜寻突然性的创意时，你所需要做的，便是集中全部精神，坚持到底。

5. 绝不能认为所谓新创意，都是崭新的。正如同“阳光之下无鲜事”这句俗语所言，许多创意其实都是已经使用过的某些方案的变形。所以你想出的新创意很可能就是旧创意所衍生出的新变形，但是这仍然有所助益。

6. 可能有很多使用这项技巧的人，对于制作这个创意笔记感到相当吃力，但是要坚信，流汗播种的人绝对会含笑收割的。

通过创意档案挖掘你的创造力

成为具有创造性的人的第二种训练，就是制作创意档案。从现在开始10天之内，如果你在报纸或杂志上看到有关自己想要的新闻消息，就马上将它摘录下来，贴在剪贴簿上做成档案。要注意你所摘录的项目，必须对你具有真实意义——使你特别留心的事物。做成档案后，至少得花上两分钟的时间思考一些有关的事物。

像这种摘录下来的项目，就成了挖掘你自己所拥有的那些特别才能的工具。对你而言，所选出的各个项目中必具有某种共通的东西，而这种东西，你应该马上了解到其实就是你自己，从中你可以得到一个“我是什么样的人”的清晰轮廓，并重新认定自己。而这些都是你在改变环境、突破自我、使身价快速上涨的过程中，赋予你在精神上及行动上所需的转化材料。

正是因为这些项目对你有意义你才会选择它，当然你也可以凭着这些适合你的材料来完善自己。

某位年轻的上班族，就依此做成了一个和自己工作有关的档案。凭借这份档案，在自己的工作范围之内，他总具有“一言中的”的能力，因而在公司中受到尊敬，成为一位不可或缺的人物。特别是在会议桌上及上司面前，他的才能显得尤其耀眼，同事与上司总是对他知识的渊博、看法的深入周全而感到惊叹。大家并不知道他制作档案的事，而视他为天才。事实上，这其中的秘密，即在于每天制作的档案中。

如何设立创意程序

设立了创意档案，那么创意领先的趋势应如何建立呢？现在说明其要点。

其顺序如下：

1. 收集资讯——依据杂志、人际关系、电话等调查。

2. 将资讯分类、分析——剪报或备忘，分门别类整理。

3. 就收集来的资讯编排情节——巧妙地组合资讯。

4. 将情节文章化——制成企划书。

5. 加以视觉化——不仅写文章，还加插图或照片。

6. 进行说明——向他人说明。

从资讯设定概念，须依此顺序进行。只在脑海中思考并不具意义，最低限度须制作出可传达给他人的形态。下面按照顺序研究。

最初的资讯收集问题前面已说了很多，对于你关心的事，打电话调查即可，至于杂志，看到自己喜欢的图片就撕下来收藏。当然，用剪刀剪较好，但想使资讯收集的工作长久维持，还是以勿浪费时间的方法较好。

如果整理或分析花费太多时间，会因此感到疲劳而不想工作。其实，资讯不需过于讲究整齐地做档案，准备几个分类袋即可。而且，最近有很方便的办公用品，可多加活用。

最重要的是下一阶段的编排情节，这是最主要的部分，不论收集多少资料，这个步骤不完善则毫无意义，因为你想当创意者嘛！

欲编排情节时，首先看看自己收集的资料，然后移开视线，自由地发挥想象。

例如，从收集的资料中发现，“追求高品质，休假越来越长期化，夜生活便丰富起来”等的资讯，由此编排出何种情节，则要靠你自己的能力。

你可以从这当中选出“模式、美食、夜猫子”的项目，想到深夜也开业的餐厅，或想到深夜单身的人，可简单地使用微波炉加温的合格冷冻食品销售。

同时，将“模式、美食、夜猫子”加以组合，便会由此引发种种奇妙的构想。

你觉得如何呢？多多运用头脑构思吧！

但是，一味构思无任何作用，思考眼前的资料才能使想象扩大。

想象扩大后，加以文章化，然后附上简洁而吸引人的标语，研究容易传达给其他人的方法。

最后加上插图或照片，制作成正式的创意书，必要时加上地图或制作图表。

暂缓判断

上面所讨论的每一项刻意的创新技术，都需要对原始的构想采取暂缓判断的态度。在1797年首次发明出的铸铁犁，被美国新泽西州的农民基于“铸铁工具会破坏泥土及刺激杂草生长”的理由，而拒绝接受。像这一类对新观念妄加批评的例子很多。但从另一个角度来看，没有经过批评的观念或构想，我们也会无从选取最好的，因而可能浪费了我们有限的资源。

我们每个人都善于判断和批评，当一个新的构想被提出来之后，有人拒绝它，有人批驳它，有人攻击它。如果有人支持此一构想，一定另有某些人提出相反的看法，他们的可能理由如下：

“这个主意50年前就被人想过了！”

“我们没有那么多钱和时间来做它！”

“现在不适合进行这种计划！”

“那根本没有用！”

“我们不可能那样做！”

“我就是不喜欢它！”

对解决问题的构想加以批判是必要的，但是无论如何，每一个构想都应该给它一个机会。若构想一产生，马上就加以批评，将会一事无成。就好像一面加油门而另一面踩刹车一样，哪里也去不了。要记住！高大的橡树乃起源于微小的种子。

具有创新的方法，就是每当你产生新的观念或新的构想时，暂缓判断它，这将使你开放自己且了解顿悟的意义。纽约州立大学的研究显示，在创新问题的解决过程中，构想产生的阶段里，暂缓判断构想，可使得构想产生的数量加倍。

每一个构想就像一朵玫瑰花，在批判之前应该先给它机会去修正、扩展和塑造。因为恶毒的评语很容易把一个构想在茁壮之前就扼杀了，而建设性的评语能够加强一个构想，并显示其真正的潜能。

幻想和判断与思考者的关系，如同扳手和螺丝起子与机械工的关系。幻想和判断是两种不同的工具，可用于特定和重要的目的。我们经常使用判断和批评，却不常练习、发展和增强自己的想象力。在变得更富有创意之前，必须多尝试暂缓判断，让想象力有机会发挥。180 年前，有一位诗剧家曾说过：“如果理智对意念检核得太紧密的话，创新的意念就将躲藏起来。”

如果我们希望具有创新性，就不要同时踩刹车和踏油门，或者同时灌溉肥料和毒药，而要在已经将构想的各种可能的发展状况都考虑周全之后，才决定去接纳它或拒绝它。

避免万事俱备

人世间的事情没有一件绝对完美或接近完美，如果要等所有条件都具备以后才去做，恐怕只能永远等待下去了。

再好的新构想也会有缺陷。即使是很普通的计划，确实执行并且继续发展，都比半途而废的好计划要好。因为前者贯彻始终，后者却前功尽弃。

如果你一直在想而不去做的话，根本成不了任何事。

请你想想看，世界上每一件东西，从人造卫星到摩天大楼以至婴儿食品，都是一个个想法付诸实施所得的结果。

当你研究“人（包括成功人士与平庸之辈)”时，会发现他们分别属于两种类型：成功的人都很主动，我们叫他“积极主动的人”；那些庸庸碌碌的普通人都很被动，我们叫他“被动的人”。

仔细研究这两种人的行为，可以找出一个成功法则：积极主动的人都是不断做事的人，他真的去做，直到完成为止；被动的人都是不做事的人，他会找借口拖延，直到最后他证明这件事“不应该做”、“没有能力去做”或“已经来不及了”为止。

为避免“万事俱备以后才行动”所引起的重大损失，下面两件事可以作为参考：

1. 要预料种种困难。因为每一个冒险都会带来许多风险、困难与变化。假设你开车跑长途，一定要等到“没有交通堵塞、汽车性能没有任何问题、没有恶劣天气、没有任何类似的意外”之后才能出发，那么你什么时候才出发呢？你永远走不了的。当你计划到某地时，先在地图上选好行车路线，检查一下车况以及其他尽量排除意外的做法。这些都是出发前需要完成的事项，但是仍无法完全消除所有的意外。

2. 发生困难时，要勇敢地面对现实，绝对不能畏缩。成功的人并不是行动前就解决所有的问题，而是遭遇困难时能够想办法克服。不管从事工商业、还是解决婚姻问题或任何活动，一遇到麻烦就要想办法处理，正像遇到障碍时就跨过去一样自然。

我们无论如何也买不到万无一失的保险，要下定决心去实行你的计划。

具体可行的创意的确很重要，我们一定要有创造与改善任何事的创意。成功跟那些缺乏创意的人永远无缘。

但是你也不能对这一点有误解，因为光有创意还不够，那种能使你获得更多的生意或简化工作步骤的创意，只有在真正实施时才有价值。

每天都有几千人把自己辛苦得来的新构想取消或埋葬掉，因为他们不敢执行。过了一段时间以后，这些构想又会回来折磨他们。

记住下面两种想法：第一，切实执行你的创意，以便发挥它的价值。不管创意有多好，除非真正身体力行，否则永远没有收获。

第二，实行时心里要平静。有人说天下最令人悲哀的一句话就是：我真后悔当时没那么做。每天都可以听到有人说："如果我在那时开始那笔生意，早就发财了！"或"我早就料到了，我好后悔当时没有做！"一个好创意如果胎死腹中，真的会叫人叹息不已，感到遗憾；如果真的彻底施行，当然也会带来无限的满足。

你现在已经想到一个好创意了吗？如果有，现在就去做吧！

第五章　想象力是达致成功的资本

想象力是灵魂的工作场，也是成功的“核反应堆”，它可以给你带来一个成功的目标，让世界上许多事物向你展示出新奇的面目，因此你必须以坚定的信念加以实现。

在我们头脑中，早已有一个成功的创意了，我们不必去外界寻找，只需动手捉住“她”罢了。

丹尼尔·伯宁罕是位被称为“世纪之最”的建筑师及都市规划学者。他于1893年为芝加哥世界博览会所做的规划，对现代都市计划有着深刻而巨大的影响。他曾说：“不要做太小的计划。”因为他知道，要达成伟大的目标，先要有远大的计划。你可以想象到的，你就可以创造出来。你若能构思出你认为你会喜欢的事业或工作，那么在现实生活中就有可能将其建立起来。

想象力是灵魂的创造力，是每个人自己的财富，是你在这个世界上唯一能够自己绝对控制的东西。就好像橡树从橡实发展成长，小鸟从卵中沉睡的胚细胞逐渐成长，你的物质成就也将从你在想象中创造的组合计划中成长。首先出现的是思想，然后再把这个思想和观念与计划组织起来，最后就是把这些计划变成事实。你将会注意到，一切都是从你的想象开始。

想象力可以引导你踏上成功之路

想象力正是人类草拟所有计划乃至计划成形的工作场所。借助心灵的想象能力，冲劲渴望便有了形体，并且能付诸行动。

有句话就说，人类可以创造出任何想象得到的东西。

过去50年里，人类借助想象能力，已形成了许多驾驭大自然的力量，这是有史以来闻所未闻的。人类已彻底征服了天空，在飞行方面，鸟类已不是人类的对手；借助于想象力，人类可以在相隔百万里之外，分析计量出太阳的组成元素有哪些；人类提高了火车的速度，如今火车可以以每小时几百里的速度疾行飞驰。

人类唯一的局限在于理性，在于运用发展想象力的能力。人类对想象力的运用，还未发展至登峰造极。人类已发现自己有想象力，并且开始以很基本的方式去运用。

在加州海岸的一个城市中，所有适合建筑的土地都已被开发出来，并予以利用。在城市的另一边是一些陡峭的小山，无法作为建筑用地，而另外一边的土地也不适合盖房子，因为地势太低，每天海水倒流时，总会被淹没一次。

一位具有想象力的人来到了这座城市——具有想象力的人，往往具有敏锐的观察力，这个人也不例外。在到达的第一天，他立刻看出了利用这些土地赚钱的可能性。他先预购了那些因为山势太陡而无法使用的山坡地，他也预购了那些每天都要被海水淹没一次而无法使用的低地。他预购的价格很低，因为这些土地被认为并没有什么太大的价值。

他用了几吨炸药，把那些陡峭的小山炸成松土。再利用几台推土机把泥土推平，原来的山坡地就成了很规整的建筑用地；另外，他又雇了一些车子，把多余的泥土运到那些低地处，使其超过海平面，因此，也使它们变成了规整的建筑用地。

他赚了不少钱，是怎么赚来的呢？

他只不过是把某些泥土从不需要它们的地方运到需要它们的地方罢了，只不过是把某些没有用的泥土和想象力混合使用罢了。

那个小城市的居民把这人视为天才，而他也确实是天才——任何人只要能像这个人一样运用自己的想象力，那么，他也同样可以成为一位天才。

想象力是灵魂的创造力，是每个人自己的财富，是你在这个世界上唯一能够绝对控制的东西。

有一天早晨，钢铁大亨史威伯的私人汽车刚在他的贝泰钢铁工厂的停车场上停下来，当他从车上下来时，一名年轻的速记员就立刻迎上前去。这位速记员说，他之所以立刻赶上前来，只是希望如果史威伯先生有任何信件或电报要写的话，他能够立即提供服务。没有任何人吩咐这位年轻人一定要在场，但他有足够的想象力使他看出，他这样做对自己的前途并没有任何坏处。从那一天起，这位年轻人就“注定”要踏上成功之路了。史威伯先生之所以独独看中这位年轻人，是因为他做了贝泰公司其余十几名速记员可以去做但一直没做的事。在今天，这位年轻人已是世界上最大规模的一家药品公司的总裁。

几年以前，我曾接到一位年轻人的来信，他刚从商学院毕业，希望到我的办公室工作。他在信中夹了一张崭新的从未折叠过的10美元新钞。这封信的内容是这样的：

“我刚刚从一家第一流的商学院毕业，希望能进入您的办公室服务。因为我了解到，一个刚刚展开他的商业生涯的年轻小伙子，能够幸运地在像您这样的人的指挥下从事工作，实在太有价值了。

“随函附上的10美元钞票，足以偿付您给我第一周指示所花的时间，我希望您能收下这张钞票。在第一个月里，我愿意免费替您工作，然后，您可以根据我的表现而决定我的薪水。我希望能获得这项工作，其渴望的程度超过我一生当中对任何事情的热望，为了获得这项工作，我愿意做任何合理的牺牲。”

最后这位年轻人终于走进了我的办公室工作。他的想象力使他获得了他所希望得到的机会。在他工作的第一个月即将结束时，一家人寿保险公司的总裁知道了这件事，立即请这位年轻人去当他的私人秘书，薪水相当高。今天，他已是世界上最大的人寿保险公司的重要人物。

想象力的奇迹绝不是虚无的

世界旅馆业巨头康拉德·希尔顿在拥有一家旅馆之前，很早就想象自己在经营旅馆。当他还是一个孩子的时候，就常常“扮演”旅馆经理的角色。成功后的希尔顿，便将他的连锁店发展到世界各地，成为享誉全球的旅馆大王。

亨利·凯瑟尔说过，事业上的每一个成就实现之前，他都在想象中预先实现过了。这真是奇妙之极！

难怪人们过去总是将“想象”与“魔术”联系起来，“想象力”在成功学中，确实具有难以抗拒的魔力。

如果你能够正确地使用你的想象力，它将协助你把你的失败与错误改变成价值非凡的资产，也将引导你去发现一个只有使用想象力的人才能知道的真理，那就是，生活中的最大逆境和不幸，通常反而会带来美好的机会。

美国最好的一位雕刻师，以前是一位奔波街巷的邮差。有一天，他搭上一辆电车，不幸发生车祸，使他的一条腿因此被切掉。电车公司付给他5000美元，赔偿他的损失。他拿了这笔钱上学，最终成为一名雕刻师。他双手制成的产品，加上他的天才的想象力，比他利用双脚当一名邮差所能赚到的钱更多。由于发生车祸，他必须改变努力目标，结果他发掘了自己天生具有的想象力。

由于神经系统无法区分想象出来的经验和实际的经验，心理的图像便给我们提供了一个实践机会，把新的优点和方法“付诸实践”。想象为我们获得技巧、成功和幸福开拓了一条新途径。

如果我们正想象自己以某种方式行事，实际上我们也在这么干，想象给我们提供的实践可以帮助这种行为臻于完美。

通过一个人为控制的实验，心理学家凡戴尔证明：让一个人每天坐在靶子前面想象着他对靶子投镖，经过一段时间后，这种心理练习几乎和实际投镖练习一样能提高其准确性。

美国《研究季刊》曾报导过一项实验，证明想象练习对改进投篮技巧的效果。

第一组学生在20天内每天练习实际投篮，把第一天和最后一天的成绩记录下来。

第二组学生也记录下第一天和最后一天的成绩，但在此期间不做任何练习。

第三组学生记录下第一天的成绩，然后每天花20分钟做想象中的投篮。如果投篮不中时，他们便在想象中做出相应的纠正。

实验结果：

第一组每天实际练习20分钟，命中率增加了24%。

第二组因为没有练习，也就毫无进步。

第三组每天想象练习投篮20分钟，命中率增加26%。

自古以来，许多成功者都曾自觉或不自觉地运用了“正确想象”和“排练实践”来完善自我，从而获得了成功。拿破仑在带兵横扫欧洲之前，曾经在内心想象“演习”了许多年。韦伯和摩尔根在《充分利用人生》一书中告诉我们：“拿破仑在上学的时候所做的阅读笔记，在复印时竟达满满400页之多。他把自己想象成一个司令，画出科西嘉岛的地图，经过精确的数学计算后，标出他可能布防的各种情况。”

想象力的两种形式

想象力有两种作用的形式。一种被称为“综合想象力”，另一种是“创造性的想象力”。

综合想象力：借着想象力，人可以重组旧观念、思考或者计划，成为新的组合。这种能力没有创造任何事物。光是与经验、教育、观察等素材混合运用。这种能力，发明家最常用。但“天才”例外，天才在综合想象力无法解决问题的时候，会借助创造性的想象力。

创造性的想象力：借着创造性想象力，人类有限的心灵可以直接和无限的大智沟通。创造性的想象力也是“灵感”和“预感”的接收能力。借着创造性的想象力，所有新点子和基本论点都传递给人类了。经由这种能力，一个人可以“调整频道”，和另一些人的潜意识进行沟通。

创造性的想象力会自行运转，随后我们会讨论到运转的方式。只有在自觉心灵意识高速运转的时候，创造性的想象力才会运作，例如人类在心灵受到了强烈渴望的情感刺激时。

人类在运用创造性的想象力时，会发展出和使用程度成正比的敏锐度。

伟大的商业家、工业家、财务专家，以及伟大的诗人、作家、音乐家、艺术家之所以伟大，正是因为他们运用了创造性想象力的能力。

综合和创造性两种想象力一经使用，更加灵活，就像肌肉或身上的器官一样，一经使用，更加发达。

渴望只不过是一个念头、一股冲劲，稍纵即逝，而且朦胧缥缈，除非能转化为实质的对应事物，否则便没有价值。虽然在化渴望为金钱的过程中，综合想象力会是用得最频繁的一种想象力，但你仍必须牢记一项事实，即你可能会面临一些处境，需要用上创造性的想象力。

想象力可以化渴望为财富

你的想象力可能年久失修，一经使用，又可以乍醒复生，变得更敏锐。这种能力虽然弃置不用会变得沉寂，但是不会无疾而终。

从现在开始，把注意力集中在综合想象力的发展上，因为这种想象力是在你化渴望为金钱的过程里，较常用的一种能力。

将无形的冲劲渴望转化为有形的实质金钱，需要运用计划。这些计划必须借助想象力，而且主要是综合想象力，才能成形。

点子是所有财富的起点，观念是想象力的产物。我们来仔细研究一下已创造出巨大财富的知名点子，希望这些例证能传递一些确切的信息，让你了解想象力借着什么方式运作，才能累积财物。

50 年前，一位乡下的老医生驾着马车到城里去，拴好了马后，他一声不响地溜进一家药房后门，开始和年轻的售药员“讨价还价”。

老医生和售药员在柜台后面低声讨论了 1 个多小时，然后老医生走了。他回到车上，拿了一把旧式的大茶壶、一只木制的大搅拌浆(用来搅拌茶壶的内容物)，并且把东西放在药房的后面。

售药员仔细看了一遍这把茶壶，伸手到侧边口袋，掏出一沓钞票，递给了老医生。这叠钞票整整500美金，不多也不少，恰是售药员所有的积蓄！

老医生递了一张小纸条给他，上面写着一则神秘的配方。那张小纸条上的文字足够为一位国王赎身保命了！但对这位医生来说，却不尽然。这些玄妙的字眼可以启动这个茶壶，使它沸滚，但是老医生和年轻的售药员一样，对于壶中注定要流出的惊人财富一无所知。

这套行头卖了500美金，老医生很是自得。售药员倾其毕生积蓄，下注在一把旧茶壶和一张小纸条上，冒了更大的风险！他做梦也没想到，他投资的钱财，有一天会让一个茶壶盈盈满溢、流泻倾倒出黄金，比阿拉丁的神灯还要神奇。

这位售药员花钱买的正是一个点子！

旧茶壶和木制搅拌浆，以及纸条上的神秘信息，只是因缘际会凑在了一起。那把茶壶开始起作用，是在新主人为秘密配方添上了一种连老医生也不晓得的成分之后。

试试看，你能不能找到年轻人加在秘密信息里的东西，看看是什么东西让茶壶满溢黄金。你在此所读到的故事是比虚构小说还要玄妙的真实情节，以点子的形态现身说法。

我们来思索一下这个点子所带来的巨额黄金。这个点子一直为人们带来财富，世界各地的商人把茶壶内容物配销给上百万的人，仍然可以得到庞大的财富。

这一把旧茶壶如今是世界上最大的糖类消费者，为成千上万名栽植甘蔗的人、提炼糖和贩售糖的人，造就了永续性质的就业机会。

每一年，这一把旧茶壶消耗了数以百万计的玻璃瓶，为玻璃工匠造就了无数的就业机会。

这一把旧茶壶雇佣的一队速记员、抄写员、广告专家遍布全国，也为描绘产品的艺术家带来了名望和财富。

这把旧茶壶使一座南方小城变成了南方商业首邑，如今直接间接受惠的，是该城的每一个行业和每一位居民。

这一个点子的影响力，如今遍及全世界的文明都市，对于接触到这个点子的人来说，有如流水一样，时时倾注，永不停息。

壶中的金泉成立了南方最卓著的大专院校，让成千上万的年轻学子在此受到成功所需的训练，如今该校仍巍然屹立。

如果那把旧茶壶的产品能开口说话，它会说出许多令人神往的故事，而且其版本被译成多种语言。这些故事有浪漫的爱情，有生意经，有日夜受之刺激的专业人士的奋斗史。

我千真万确地相信，这样的浪漫故事确有一则，我也是置身其中的一个角色，而所有的情节，就从售药员买下那把旧茶壶的地方开始。就在这个地方，我与自己的妻子结识，而告诉我这把魔壶的故事者，正是我的妻子。当我要求她“不论好歹”要接受我的时候，我们正在喝的，也就是那把茶壶的产品。

无论你是何人，无论你身居何处，无论你身从何业，每一次你看到“可口可乐”这几个大字时，只要记得，可口可乐的庞大帝国，其一切的财富和权势，皆起自于一个观念，也就是售药员阿萨·甘德勒在奥妙配方中加入的神秘成分——想象力！

停下来，想一下这个事实。

请记住，本书中所述走向财富的步骤，正是可口可乐的影响力之所以能延伸遍及全世界的城镇、都市、村落和每一个十字路口所凭着的媒介。也请你记住，你也有可能再创这个世界性饮料的记录，创出跟可口可乐一样叫响的名号和丰功伟业。

如果我有 100 万美元

下面的故事证明了“有志者，事竟成”的古老谚语。告诉我这个故事的人，是备受爱戴的教育家、神职人员，已故的法兰克·冈索勒斯，他的传教生涯始自于芝加哥的堆料场。

冈索勒斯念大学的时候，发现了我们的教育体制有很多缺点，他相信，如果他是一校之长，一定可以纠正积弊。

他下定了决心，要自己办学校，以实现理想，而不受正统教育方式的束缚。

他需要 100 万美元，才能将计划付诸实行。他该从哪里着手，才能得到这么多的钱？这位野心勃勃的年轻传教士心中最在乎的，就是这个问题。

但是，他似乎无法有什么进展。

每天晚上，他都带着这个念头入眠。每天早晨，他也怀着这个念头起床。不论他走到哪里，都把这个念头放在心上。他一再翻来覆去地想这个问题，直到这个想法变成了他心中魂牵梦萦、挥之不去的渴望。

冈索勒斯博士不只是一位传教士，也是一位哲学家，他跟任何一位成功人士一样，有了一种体会：坚定的目标，是成功的起跑点。他也体会到，当坚定的目标有渴望作为后盾，可以化该目标为对应实物的时候，这个目标的坚定不移的实现过程更是会活力充沛、生气蓬勃。

这些伟大的真理他全知道，他就是不知道该到哪里去找，该怎么去筹这100万美元。若是顺其自然，结果一定是不了了之，大不了说一句："啊，嗯，我的主意不错，但是光有一个念头，也成不了气候，反正我永远也得不到那必要的100万美元。"大部分人正是会这么说，但冈索勒斯博士则不是这样说，他所说的话和他的所作所为都非常重要，所以现在我介绍他出场，由他自己来现身说法：

"有一个周六的下午，我在自己的房间里想，用什么方法可以筹钱来执行计划。有两年左右的时间，我一直在想，但是我除了想以外，什么也没有做！"

"行动的时刻已到！"

"我即刻拿定主意，要在1周之内，弄到那少不了的100万美元。怎么弄到？我不关心怎么弄到手。重要的是，我决定在1周内，把这笔钱凑足，一种很奇怪的自信感油然而生，这种感觉我从来没有经历过。似乎我心中有些什么声音在说：'为什么你不老早下这个决心？这笔钱一直在等着你！'"

"事情如一阵旋风般降临。我打电话给报社，宣布说我第二天早上要讲一篇题为'如果我有100万美元，我要做什么'的演讲。"

"我马上着手准备演讲，但是我必须坦白告诉你，准备工作并不难，因为我已准备这篇演讲两年了。"

"还不到半夜，我已经写完这篇演讲稿。我带着信心上床入眠，因为我似乎已经看见秘书拿着这100万美元的支票向我走来。"

"第二天我起了个大早，到浴室去朗诵这篇讲辞，然后我跑下来，祈求我的讲辞能吸引一些人，愿意资助我需要的金钱。"

"我在祈祷的时候，又再一次有了那种自信的感觉，我相信那笔钱会现身出来。我兴奋得没带讲稿就走出浴室，一直到走上讲坛，准备好要开始演说了，才发现自己忘了带稿子来。"

"要回头去拿手稿已经来不及了，结果还好我没有回去拿！取而代之的是，我的潜意识为我提供的演讲所需的材料。我站起来开始讲的时候，闭上眼睛，全心全意，发自内心去说。我不只向着观众说，我还想象着我也在对上帝说。我说出来了，如果我手上有100万美元，我要做些什么。我描述了心中的计划，我要筹组一所大型的教育机构，年轻人得以在此学到实际的事务，同时发展自己的心志。”

“我讲完后，坐了下来。有一位男士缓缓从前面第三排的座位上起立，向前面讲坛走。我心想这男人不知道要干什么。他走到讲坛边，伸出手说：‘可敬的先生，我喜欢你的演讲，相信你要是真有了 100 万美元，一定可以做到你说的每一件事。为了向你证明我相信你的话，和我对你演讲内容的信心，请你明天早上到我的办公室来，我会给你那 100 万美元。我的名字是菲立普·亚默。’”

年轻的冈索勒斯到亚默先生的办公室去了。他拿到了那 100 万美元。他用这笔钱成立了亚默理工学院，即如今的伊利诺理工学院。

他所需要的 100 万美元，就在一念之间拿到了。这一念的背后，则是冈索勒斯心中酝酿了两年的渴望。

仔细看看这则重要的事实：在他下定决心要得到 100 万美元，并且定下了取得这笔钱的确切计划之后，36 小时之内，他就得到了这笔钱！

更重要的是，冈索勒斯取得 100 万美元的原理如今仍行得通！这个原则你也派得上用场！如今，这一则放诸四海皆准的定律，跟当年那位年轻传教士成功运用它的时候一样有效，一样行得通！

化观念为金钱

留心察看甘德勒和冈索勒斯之间的共同点。观念加上了确切计划，可以借助坚定信心的力量，兑成现金，这是确切的事实，他们两个人都知道。

如果你跟一些人一样，相信光是辛勤耕耘和诚实就会带来财富，别再这样想！事实的真相并非如此！财富大笔大笔降临的时候，从来不光是努力工作的结果！如果财富真的到来，是应确切的需求而来，而且不光是靠运气或机会，必须运用实际的法则才能成事。

大致说来，观念是驱策行动的思考冲劲，并须借助想象力。所有的超级业务员都知道，在商品卖不掉的场所，点子都销得出去。普通的业务员不知道这一点，那正是他们之所以“平庸”的原因所在。

一位平装书商发现一则重大的事实，对于所有出版业者而言，这则发现的身价可不同凡响。他得知，很多人买书时，买的是标题，而不是内容。卖况不甚了了的书，光换个名字，就多卖了 100 万本，书本的内容可一个字都没有改。他只是把卖不出去的书，剥下书皮，换上一个书名有“票房价值”的封面，如此而已。

这个观念虽简单至极，却是个不折不扣的点子！这个点子就是想象力！

观念并无公定行情价。想出点子的人可以自己制定价码，而且如果他够聪明，就能得到这笔钱。

每一笔庞大财富的真实故事，都是从观念的创造者和行销者的碰头开始的，并且从和谐合作的那一天起。卡耐基身边围绕着众多人士，他们是想出点子的人，他们能将点子付诸实行，别人办不到的事，他们都办得到。卡耐基让这些人环绕在他四周，也让自己和这些人富可敌国。

许多人终其一生都怀抱希望等待有利的“突破”。有利的突破或许可以带给一个人机会，但是最安全的计划不是靠“运气”。当初带给我一生中最重大机遇的有利“突破”固然功劳不小，但是在这个“突破”变成资产之前，我奉献了25年不懈的努力，投入这一份际遇。

这种“突破”包括了我得以结识卡耐基的机缘，以及得到与他合作的幸运机会。就在那因缘际会的一刻，卡耐基在我心中植入了一个观念，让我知道，我可以把达致成就的原理归纳为成功的哲学。成千上万的人可以因为这25年的潜心研究而获益匪浅，运用这种哲学，可以聚集大批大批的财富。起点一点儿也不高，起步就光靠一个点子，谁都可能想得出来。

有利的突破是来自卡耐基，那么，决心、确切目标、达成目标的渴望，以及不懈的努力又是从何说起呢？这种渴望，不是寻常平凡的渴望，这种渴望要能禁得起失败打击、批评攻讦、一时的不如意，耐得住旁人常来提醒你在“浪费时间”。这是一种灼烧的渴望！一种魂牵梦萦、挥之不去的信念！

自从卡耐基在我心中初次植入这个观念的那时起，这个观念便在我心中不断地滋长，受到鼓舞安慰，所以一直能够积极活跃，而不至于烟消云散，成为槁木死灰。慢慢地，这个观念自己会茁壮成长，到头来力量强大到可以驱役我了。观念正是如此，起先是你赋予观念行动和生命，是你在统领引导，随后观念便会自立自强、扫除障碍。

观念是无形的力量，但是力量却大过赋予它们生命的血肉头脑。创造观念的血肉头脑回归尘土之后，观念仍能一如既往地自呼更生，再接再厉地延续其命脉。

想象力是灵魂的工作站

想象力是灵魂的工作站，也是成功的“核反应堆”。它可以给你带来一个成功的目标，让世界上许多事物向你展示出新奇的面目。但仅止于此还不够，你还必须以坚定的信念，去加以实现。关于行动的重要性，诺伯特·威尔在谈到科学的创造过程时说过：“科学家动手解决一个确定会有答案的难题时，他的整个态度才发生了根本的改变，此时他实际上已经找到了一半的答案。”因此，当我们有一个成功创意存在于大脑中时，不妨相信成功已经在某处存在，这时则需要我们做一个善于捕捉机遇的勇士。

不断地思考使头脑更敏捷，怠惰则令其萎缩。

就如同身体要有规律地运动才能保持强健一般，头脑也需经常锻炼。你的个人发展计划中包括头脑的刺激与训练。阅读是培养想象力与观察力的极佳途径。你在阅读的时候，在心中将文字转化为想象，使你更易了解书中所传达的观念。让自己成为一个“贪婪”的阅读者，你可以看报纸、杂志和教导自我改善的书籍、小说等，这些对于增进知识、培养观察力及更有效地运用想象力都是很有帮助的。

心灵就如同降落伞一般，只有打开了才会有作用。当你敞开心胸去评估一件事情的可行性时，客观地分析信息，并避免个人的喜好及偏见影响了判断，你将可以清楚地见到被他人所忽略的事实。狭隘的眼光或想法会让你错失生命中许多绝佳的机会。

你若是发现自己不断地背弃事实，或试图扭曲事实来符合你的信念时，问问自己：“为什么我这么不愿意接受这种情况？我够理智吗？或是我被情绪蒙蔽了吗？”因为说服自己去接受一个不当的决定将会是最严重的错误。愚弄了别人固然不好，但愚弄了自己，灾祸将接踵而来。

别扼杀疯狂的构想

唯一能够限制思想的力量的，将会是你加诸于自己的枷锁。

当你心血来潮，有了某些想法时，不要轻易排除它们：因为或许这些在当时显得非常疯狂的构想，过些时候将会被人发现是极有远见的构想。你如果在有关企划或是类似决策小组的部门工作，应该鼓励每位成员尽量发表不同的构想，在这个阶段不要对这些想法过于苛求或做太详细的分析。每个构想都是好主意，汇集这些构想并参考相关的信息，最后最好的想法将会浮现而可应用于实际状况之中。

颓丧的心灵永远无法拥有快乐及事业上的成功，而且失败及忧郁会很快地随之而来。

你或许可以扮演邪恶一方的辩护者，并以抨击好的想法为乐，但负面的想法终会导致负面的结果。你的积极思想会鼓励你奋力去完成积极的构想；当你所有的想法都是负面悲观的时候，它也会一样努力地给你造成负面的结果。

每一个头脑都是激荡想象力的转播站与接收站。

无论科学如何解释思想传递的过程，有一件事仍然不会改变，那就是你若想借助他人想法的力量，你就必须调整自己的心态去接纳这些想法。“倾听”对于心态的调整，进而采纳来自他人的极有价值的意见是很有帮助的。将你所有的成见放到一边，细心聆听，不要做任何批评，并将注意力集中在所讨论的信息而非说话者，试着去了解他所想表达的观念。要训练自己的心灵去辨识并吸收经常为别人所忽略的信息，因为大部分人的“接收器”通常都没有调整到正确的频率。

创造力所需要的，是激发你的想象力，以便为明确目标作出贡献，并且使想象出来的结果能发挥作用。

创造力是那些不怕别人批评的人发挥出来的力量，它肩负着造就今日文明的使命。它带给我们能使我们享受现在生活水准的进步思想、科学和技术，它激发人们开拓各个领域的新观念，并对这些新观念加以实验，它总是展望更好的行为方式。

创造力属于那些具有要求自己更进一步习惯的人，因为创造力不受朝九晚五的工作时间限制，同时也和金钱报酬无关，它的目标在于：做到不可能做到的事情。

让你的想象力复活

自古以来，只要人类可想象到的东西，则必须由人类创造出来。由于人类善于运用想象力，这50多年间，人类所创造出的“奇迹”较前人更为丰富和伟大。

人类的想象力，甚至可分析距地球几百万公里远的太阳，计算其重量，测定其元素。由于想象力，人类得以享受远比音速更快的超音速旅行，这已是家喻户晓的普通常识了。

对如此万能的人类而言，唯一的极限是这个想象力至什么程度为止，能否完全地加以开发利用？至今，已被开发的仅占想象力的千万分之一。我们人类终于发现，人类拥有极富想象力的优秀能力，并且才开始进行初步的利用。

假若不常发挥你的想象力，则该力量也将会日渐薄弱。如果真是如此的话，那么不得不借以多发挥其巨大的力量，使其复活重生。即使因为久未使用而导致想象力机能减退，也不用气馁，因为想象力绝不会枯竭而灰飞烟灭的。

姑且请你聚精会神去感觉，你的综合想象力已正在慢慢地复生着。因为，为让你那无形的愿望化为有形的财富，则首先无论如何都必须利用综合想象力。

因此，当你读完本书之后，请立刻运用想象力，建立将你的创意化为成功的计划。运用想象力，清楚明确地将计划拟在纸上时，则创意将渐渐地化为有形之物而呈现出来。换言之，将创意有计划地拟成企划书，乃是将思考化为金钱财富的第一步骤。

若你期盼在这万紫千红、变化无穷的世界里成就事业的话，请勿轻易以为我们不过是个“幻想家”罢了。学习先祖们的拓荒精神，正因为拓荒者们的梦想，才能创造出今日伟大的物质文明。并且切勿忘记，正由于那股精神化为活力之源泉，而开发出我们今日的才能。怠惰怯懦的批评主义者，要创造新世界是绝不可能的。

第六章　潜意识的思考是创意的引爆点

在人类无限的心智和宇宙的无穷大智之间，创造性的想象力是直接的桥梁，这种创造性的想象力就是潜意识的思考能力。

伟大的艺术家、作家、音乐家和诗人之所以伟大，是因为他们培养了一种习惯，借助潜意识思考的能力，听到由内而发的‘沉稳的心内细语’。

某个问题，久久萦绕脑际，还是解决不了。突然有一天，由于旁人一句话、一篇文章，或者触景生情，受到启发，灵机一动，顿时大彻大悟，一通百通，问题便迎刃而解了。真正是：“忽如一夜春风来，千树万树梨花开。”这就是人们常说的灵感。

所谓灵感，并不是什么神秘的东西，而是经过长时间的实践与思考之后，思想处于高度集中化与紧张化，对所考虑的问题已基本成熟而又未最后成熟，一旦受到某种启发而融会贯通时所产生的新思想。

灵机一动的缘起

思想观念闪现在脑海中的时候，我们常管它叫“灵机一动”，而这些“一动”，则是起自于以下源头之一，或起自一个以上的源头。

1. 无穷大智。

2. 储存每一种感官印象的潜意识，其中囤积了经由任意一种五官知觉发派至脑部的思考动力。

3. 从另外一个人心中，经由自觉想法，释放出的观念或图像。

4. 从另一个人的潜意识宝库里。

除此之外，没有其他已知源头，能发出“灵感”或“灵机一动”的思想观念。

脑部的活动受到以上刺激源之一的刺激，或者受到一种以上的刺激时，可以提升个人至平常思考水平以上极高的程度，使他可以用到平时他在致力解决工作上的例行公事和业务问题时，所没有的胸襟气度和视野见地，去高瞻远瞩。

人受到任意一种形式的脑力刺激时，状态有如登上飞机，可以看见平时受限于视野的地平线所看不见的东西。更重要的是，处在这种思想水平的高度时，他不会让人类最基本的生存需要——衣食住，局限他的视野，而遭到捆绑阻碍。他就像登机远眺的人，看到了摆脱山丘坑谷等视觉实质限制后的景致一样，达到置身于日常琐务俗念而能拨云见日之后的思想境界。

身处这种高度的思想水平时，心智的创造力被赋予行动自由。第六感发挥功能的路障已清除。在其他任何情况下原本无法触及的观念，都变成容易感应和接收得到，是否拥有“第六感”正是标示天才和凡夫俗子之间的分别。

灵感是解决问题的秘方

“脑际一闪突然出现一个非常好的创意”，“灵机一动便闪出一个解决问题的方法”等，都是一个人在遇到难题无法解决时，突然闪现一道契机。这种闪念和创意常常是骤然到来的。

人从懂事开始就必须背负着许多各种不同的负担与问题，小则个人、家庭的问题，大至社会、国家之重任，甚至在背负着一个历史、一个时代的问题。

“任何一个可以在教科书中找到答案的问题，就为问题。”这句话的主要意义是：任何问题都有解决的时候，最重要的是你是否愿意尽力去搜寻。

有些自作聪明的人说，天才是“留长发、吃奇怪的食物、独居的人，是说笑话的人调侃的对象”。但天才的较佳定义是：“发现了方法，知道该怎么增强思考力的人，可以自在地与非比寻常的知识交流。”

用心思考的人会想问些问题，弄懂这里所谓的天才做何定义。第一个问题是：“怎么样才能跟寻常思考所无法涉及的知识源沟通？”第二个问题是：“有没有仅限于天才方能接头的知识源是已知的？如果有，这些知识的源头是什么？又如何才能确切触及这些知识源？”

第六感的真实性已然公正确立。这种第六感是创造性的想象力。这种能力是大多数人一辈子也没用过的，就算用到了，也只是纯属巧合。相形之下，处心积虑、胸有成竹地来动用第六感的人是少数。自动自发运用这种能力，并且对第六感的用途了如指掌的人，就是天才。

所有宗教上所谓的启示，和所有发明领域中的基本定律、新原理、新法则，都是借着创造性的想象力，才发现的。

处在科学发达、物质文明的时代，有许多问题必须靠新的资料与新的方法来解决。有一些问题乍看是同一类型的，事实上，葫芦里面乾坤可多着呢！相同的问题也存在，不管是孩子们的教育问题、企业经营的问题、新产品推陈出新等都是一样。

遇到这些问题时，那些一瞬间所产生的灵感，往往能够提供给我们最佳判断，以得到最佳利益。怎样才能获取利益，就要靠一瞬间触发我们解决问题能力的灵感。

你也可以用天才所用的方法

天才和一般的古怪发明者之间，最主要的差别可能在于：天才运用的是创造性的想象力，而古怪的发明家对于这种能力却一无所知，天才的科学发明家则会同时运用创造性的想象力和综合想象力两种能力。

例如，科学发明家凭借综合想象力（推理能力），先行组织通过经验累积得来的已知观念原理，并加以结合，开始发明。如果他觉得已聚拢的知识有所不足，无法完成发明，他随后就会经由创造力，汲取可取的知识源。做法因人而异，但是其步骤的精髓在此：

1. 他刺激自己的心智，所以他的心智以高于一般水平的功能在起作用，他一次会用我们前述的刺激法中一项以上的刺激，也会用自己所选取的其他刺激。

2. 他集中心智在已知的发明元素上（已完成的部分），并且在脑海中草创模拟出未知成因的完美图像（未完成部分）。他牢记心海中的这一幕图像，直到潜意识接收掌管为止，然后他清除心中所有思绪，放松下来，并且等候着“灵机一动”闪现在他心中。

有时结果是既具体又快捷的。偶尔结果也会是负面的，要视第六感或创造力发展情形而定。爱迪生在凭借创造性想象力发明白炽灯之前，仰仗综合想象力，试想过一万种不同的组合。他制造出留声机，其过程也是大同小异。

越常运用创造力，创造力越是对潜意识以外的原创因素，有更敏锐的感受力和接受性，而且，越常运用创造力的人会越依赖创造力，也会要求创造力来发起思考的动力。只有靠使用创造力，才能培养和开发创造力。

被公认为“良心”之物，完全是经由第六感的能力运转操作。伟大的艺术家、作家、音乐家和诗人之所以伟大，是因为他们培育了一种习惯，凭借创造性想象力的能力，听到由内而发的“沉稳的心内细语”。有“敏锐”想象力的人都知道这个事实，最好的主意是由“灵机一动”而来。

有位伟大的演说家，原本并不出名，直到有一天，他闭上眼睛，并完全仰仗创造性想象力的帮助，才臻至化境。被问及他为何在演讲达到最高巅峰之前闭上眼睛时，他答称：“因为只有这样，我才能由内心萌发点子，再说出来。”

美国最负盛名的金融业巨子之中，就有一位在做重大决策之前，有闭上眼睛两三分钟习惯的人。别人问他为什么，他答说：“闭上眼睛，我能取用更高智能和活水源头。”

灵感归功于潜意识思考

大部分富有创意者把经历到的突然顿悟或“尤洛卡”（希腊语：“我找到了”的意思）的经验，都归功于潜意识思考。下面就是个著名的例子，发生于公元前3世纪的西西里岛。有一天早晨，物理学家阿基米德突然被国王召进宫去，国王很得意地对站在面前的阿基米德说道：

“怎么样？阿基米德，很漂亮的王冠吧？你能不能也做一个同样的呢？”

阿基米德感到有点恼怒，便想捉弄国王，灵机一动，就说：“陛下！那王冠是纯金制造的吧？”

显然，国王被问到症结处，因为他命令金匠以纯金打铸，但现在却无从证明金匠是否完全照他的命令去做，这时，国王才说出了他召阿基米德来的用意。

“阿基米德，我召你来最主要的目的是要你调查一下这个王冠的纯度。不过绝对不准你损害到王冠。”国王这样命令着。

阿基米德非常困扰，并且后悔说了不该说的话，他开始思考该怎么办。苦思许久，仍然想不出一个适当的办法。

在公元前3世纪时，“不知道”这句话不但不能解决问题，有时还会导致被杀头。自然地，阿基米德不敢轻言“不知道”三个字。就在他思考当中，有一天，阿基米德要到澡堂去，由于时间还早，客人很少，浴缸里的水还满着，当他进入浴缸里时，浴缸里的水马上溢了出来。

那一瞬间，阿基米德像悟到什么似的叫起来：“对！我找到了！”

然后，他从水里跳起来，兴奋地向实验室飞奔。

他的方法就是，要测定王冠是否掺进其他金属，只要测定这顶王冠所排出的水，是否和等量的黄金排出的水一样多，即可知晓结果。想到得意处，阿基米德不顾一切地从浴缸里跳出来往外跑，边跑边喊："尤洛卡！尤洛卡！"（我找到了！我找到了！）

这就是阿基米德最有名的浮力原理的故事。

突破性的新观念，很少经由纯粹意识思考的过程而产生。潜意识的思考对于新观念的产生，具有很大的贡献。

相对于自觉意识来说，潜意识是一种低水平或低层次的意识活动。如人们对于一些不随意活动或行为的调节和控制就是无意识的功能。诸如对呼吸、心跳等生理活动，实际起作用但却未被感觉到的刺激的回答反应，习惯性动作，无目的的冲动和做梦等的无意识调控。显然，这种潜意识调控对于人们正常活动来说是低水平的、不自觉的，不可能依靠它引导人们从事高水平的有目的的理性活动。然而却正是它保证了人们有可能从基本的生命活动或生理负担中摆脱出来，以从事高级的理性活动。而且正是这种低水平的意识功能或潜意识，才更需要储存更加巨大的信息量，需要识别、选择、提取、加工和处理信息的更高效率，否则潜意识也不可能随机应变地完成各种调控行为，因而可以认为，对于创新力而言，潜意识具有较之自觉意识的更为优越的地方。

潜意识的思考能造就伟大的成功

潜意识的思考发生于我们的意识层面之下，不是意识所能及，也不是我们所能控制的。无意中来自于潜意识思考的创新念头，是经过孕育和潜伏而产生的。

潜意识一词是著名精神分析学家弗洛伊德对于"人为什么做梦"的问题而提出的疑问，经过研究获得结果后提出的。

弗洛伊德的说法就是，即我们头脑的作用分为相当于冰山显露于水面的部分和隐没在水下的部分。意识心理正如浮在水面的冰山，是心理可供观察的部分，仅代表心理的一小部分而已；而潜意识心理深藏于记忆表面之下，存在于大脑皮层部分，在做梦、处于催眠状态或给大脑以电刺激等时才出现。潜意识就如水下的冰山，支撑着水上的冰山，持续不断地在思索和解决问题。

弗洛伊德确信每一个构想都源自于潜意识。至于其转变为意识，是根据心理仲裁者对构想的抗拒程度而定。如果构想被仲裁为可以接受和安全的，那么潜意识就转到意识层了。

在社会各种行业中都不乏动用潜意识的例子，艺术家如贝兰克、雪莱，发明家如爱迪生，大思想家如高斯，所以莎士比亚称潜意识思考为“动用想象力，使未知的事物具体成形的一种魔力”。

诗人罗尔说过，灵感的来临并没有明显的理由。例如，有一次她想到“马”将是写诗的一个好题材，有了这个念头之后，她并没有再费心继续去想，但事实上是把这个念头放到潜意识里去了，“如同把一封信丢到信箱”一样。6 个月之后，诗中的语句开始浮现在她的脑海，于是一首诗就如此完成了。华德狄斯奈患有失眠症，他的许多构想都是在无数个失眠的夜晚浮现的。他常常在早上出去工作时，提出一大堆其他人用都用不完的新构想。数学家亨里・波因凯说过，潜意识思考在数学发明中的重要地位是毋庸置疑的。爱因斯坦的许多最佳意念，都是在早上刮胡子时想出来的。

蒸汽引擎中的瓦特压缩机是现代伟大发明之一，亦为全面应用蒸汽力的先驱。瓦特曾用两年的光阴从事压缩机的研制而毫无所成。直到一个美好的星期日下午，在散步途中，潜意识思考将答案浮现于意识层面上。

普通有能力的人，借着意识思考的引导所做的合理化选择和组合，可能产生艺术化和创新性的优秀作品，但永远达不到伟大创新天才借助潜意识所取得成就的水准。换句话说，平常人的意识心理往往忽视或不信任潜意识心理及其能力，而具创新能力的人不仅相信而且也利用了潜意识。我们要做创新者，就要好好动用我们的潜意识。

将潜意识当做解决问题的援手

潜意识是由意识领域所构成，每一种经由五官通达意识的思考动力，在此都被分门别类，其内的思想就像档案柜里的信件一样，随时可以抽取和放回。

不论感官印象或思想的本质为何，潜意识皆可接收并归档。你可以按自己的意愿，在潜意识中植入任何计划、思想，或者你有心化为实质对应财物的目标。潜意识会首先依据混合了诸如信心之类的情绪感受将渴望马上转化为行动。

阿基米德“我找到了”的狂喜经验，并非靠机运而得。正如帕斯特所说：“机运仅光临有所准备的心灵。”阿基米德之所以能获得构想，全靠他事先对问题全神贯注地苦寻答案，使得潜意识专注于问题上，于是潜意识帮忙解决了问题。在他心灵放松的情况下，将答案呈现到意识层。

为了由潜意识得到最大的益处，将其作为意识里解决问题的援手，必须将注意力集中于对我们具有重要性的问题和目标上来，小心谨慎地找出问题所在，然后试着有意识地解决问题，如此可使潜意识心理也参与思考。

每日解决一个问题而且每次只解决一个主要问题，能够帮助我们吸引潜意识的注意。有许多人每天早晨将问题书写数次，以引发潜意识的活动。

在用心思考问题之后，让心灵稍做休息，减少思考、筹划、操心、尝试、期望、判断和控制。休息一会儿，放松一下，睡一觉，或做些能使你放松和暂时抛开问题的活动，如想别的事、慢跑、淋浴、坐车兜风等。构想并非由于放松而产生，乃是因为你已经专注于广泛的意识心理活动而引发了潜意识的思考。

当放松时，与潜意识思考的接触面会扩大，而且也增加了创新力。曾经有研究发现，人们在放松和躺下时比在站立时更能够做创新思考。最近的研究更指出，创新思考和运动一样，在进入一种放松的状态下，最能够发挥。

阿尔法脑波的活动与放松有关。马丁达尔指出，当具有创新能力的人在从事富有想象力的工作时，他的阿尔法脑波会增加。大部分人在放松的情况下，阿尔法脑波就会增加，而在解决问题时，阿尔法脑波的频率则减少。这就是富有创意者和一般人不同的地方。

问题意识是产生灵感的基础

灵感不是凭空想象出来的，因此它必须先有资料和问题的意识，来作为灵感的基础。

以 20 世纪伟大的天才——爱因斯坦和弗洛伊德为例，弗洛伊德再怎么绞尽脑汁恐怕也想不出相对论的理论，同样的，许多大胆假设的精神分析，也不可能出现在爱因斯坦的脑海里。按照自己的兴趣来选择研究的对象，以收集资料来找寻定论，这是很自然的，如果不是这样的话，世界上哪还会产生这两种学说呢？

因此，研究某一个问题时，必定要收集有关的资料，因而这些资料并不只限于书籍上的文字，通常，丰富的资料常得自亲眼所见、亲耳所闻、亲身经历，这三者最为永久而珍贵。

不过，不只是收集而已，还要用心去选择和寻找，资料才会更多更精，更有助于解决问题。

例如瑞士一位发明家，他时常思考有什么东西可以替代纽扣，从而使穿衣服时更为方便。他到处观察，找寻有关的资料，而发明了拉链，这个发明使他成为巨富。所以，收集资料应有一个问题意识，以此问题为中心，旁征博引，不但会产生灵感，而且也可收到事半功倍之效。

德国化学家凯库勒，也反复多次地做碳化氢的实验，但是始终无法符合他所拟出的分子式。正苦思不解时，有一天晚上，他梦见一条盘卷的大蟒蛇，因而启发了他的灵感，发现苯分子的结构。

我们都相信，牛顿是看到苹果从树上掉落，才发现万有引力的。其实这并不准确，牛顿自己也否定这种偶然性，他曾说过："我早就思考这个问题了。"

由前面几个专家的研究、思考，进而引发灵感，找到解决问题的方法。我们应该记住，不管是做何研究，都要彻底思考、实验，因为灵感常会在这个时候滋生，帮助解决问题。

对于所遇到的问题，除了思考研究外，手边能有现成的资料是最好的。凭着资料再加上分析就可以把问题解决，而不必等到灵感出现。但是，如果所需要的是一连串的新知识、新形态、新的问题的时候，手边的资料不够运用，念头的灵光一现则是最敏捷有效的解决方法了。

不过，出现灵感之前，还要经过一番研究和思考才行。

灵感不是偶然产生出来的

一个人常会突然想到某个主意后去行动，结果对自己以后的人生产生极大的影响。其实这种突然想到的事，并不是偶然产生的，而是和那个人过去的人生经历有关联。所以，某些灵感可以说是必然会产生出来的。

古今中外有很多人都有这样的经验，因为偶然产生出来的灵感，完成了许多棘手的工作。当然，这也是需要努力并抱着良好的思想的。而这种努力和想象，也会酝酿出更好的灵感的萌芽来。

相信潜能并做相当努力的话，就会有很好的灵感。不相信潜能，只是尽了努力和诚意，有时也会产生很好的灵感来，但是相信潜能，会涌现出更好的灵感。

另一方面，也有人说："天才是努力得来的。"这并不是说努力就必定可以成为天才，每个人的才能都有限度。所以，做了超出能力以外的努力，虽然可以接近天才，但并不能成为天才。可是，不努力的话，即使有天才禀赋的人，也不能成为天才。

灵感或天才都是独创性的问题，这种独创性并不只在意识方面可以求到，在商业界也是可以通用的。

想要成功，必须有独创性才行。只要积极地工作，灵感就会涌出来。只要有信念，就可以得到很多灵感，成功也会更快到来。同时，更重要的是，要看你有没有独创的决心，凡是要完成一件事，就必须有决心。不能活用自己特性的时候，只要有决心，有时也可以做好有独创性的工作。

我们常单纯地认为，那些伟大的发明家都是天才，和我们这些平常人相比，他们的头脑比我们好，运气也比我们好。但是，像牛顿这样伟大的天才，如果不努力地做高度思考活动，也不会有任何发明与发现。偶尔产生的思考、直觉或第六感也是如此，不经一番努力，是不会有任何成果的。

某位对天才的研究有很深造诣的名教授也认为，没有经过努力的思考，是绝不会产生灵感的。他说："意识的活动，对于灵感产生之前、之后都很重要。没有意志和意识的活动，若能产生灵感，只有在精神病人身上可以看到。"

不论任何发明、发现、灵感或直觉，在产生之前，必须先经过思考活动。这和有高度创造性要求的企划力是相同的。"意志的、意识的思考活动"是学习创意的第一步。我们要了解，不能在创意产生的过程中期待"偶然"的出现。

博学多才方能产生灵感

灵感往往在散步或洗澡当中偶然出现。莫扎特曾在书中谈到："离开忙碌紧张的工作环境，心情一放松，就犹如脱缰的马，重回原野的怀抱。"爱迪生也提过，他在坐马车或散步时，往往能得到一闪而现的灵感。科学家彭加勒说："端坐书桌前为的是吸收新知和详虑哲理，离开书桌才能发现涌现灵感的源泉，二者必须区分清楚。"

由此可见，启示和灵感是架构伟大思想的必要梁柱，而启示和灵感一般都在心态闲适，如坐禅或冥想，一种自我催眠的状态下涌现。

虽然如此，不勤加学习，不吸收新知，一味陶醉于虚幻空想中，也不可能获得真正的智慧。

释迦牟尼佛静坐于菩提树下悟得真理，如果我们也学他一样终日枯坐，未免可笑。释迦牟尼是对人生之无常，投注无比的关心。他放弃王位，放下亲情的牵累，不停地思索，全心全意于修道的工夫，在这样的心理背景下，才能于静坐菩提树下时顿然彻悟，或许当时佛祖若正在洗澡，也同样能够顿悟真理呢！

有人问歌德说："你总是强调读书有助于提升人的精神层面，为什么最近从不见你在读书呢？"歌德很自然地回答："不错，蚕吃桑叶又快又多，但是在做茧时，却一口也不必吃。"这真是个绝妙的比喻，就算把面粉买回家，也要经过发酵才能做成面包。

爱迪生说："天才是九十九分的努力，加上一分的灵感。"首先要多方地吸收新知，学习技艺，再专心地拟订目标，全心投入其中，然后才去散散步，寻找冥想的空间。到了"面包的发酵期"，你的思想自然会像山泉一样汩汩涌出。

所以，要让别人对你刮目相看，发出衷心的赞美，积极地吸收知识绝对有其必要。否则到头来，你只是个踩在云端，爱做梦的人。

历史是在夜晚创生

弗洛伊德认为，梦可对潜意识的思考提供线索。据德国化学家凯库勒自己回忆，一天他在半睡眠状态下于幻梦中看见"蛇舞"构成的形状，这景象竟使他联系到无机化学中的化学式。通过这一对比联想的想象活动，他领悟到了碳链结合的秘密，从而在他的头脑中便形成了苯分子的环形结构式。而正是这一大出乎意料的不受传统观念束缚的想象力的产物，致使人们对有机化合物的结构有了进一步的深刻认识。凯库勒在描述当时的情景时，说道："但事情进行得并不顺利，我的心想着别的事。我把坐椅转向炉火，进入半睡眠状态。原子在我眼前飞动：长长的队伍，变化多姿，靠近了，联结起来了，一个个扭动着，回转着，像蛇一样。看，那是什么？一条蛇咬住了自己的尾巴，在我眼前旋转。我突然从梦中惊醒，那晚我为这个假说的结果工作了整夜。"

"历史是在夜晚创生"是一部电影的片名，其中饱含着意味深长的真理。

有一位语言学家每当晚上不能入眠时，就干脆离开床枕，让自己沉浸于思考之海，一有灵感或发现百思不解的问题，就记录在小笔记本上，放置枕头边。而在他妻子过世后的一两个月内，他竟创作出500多首哀悼诗歌。

优秀的经营者或企业家也常将笔记本置于枕边，以便一有新构想产生能立刻记录下来，这值得我们如法效行。

大仲马以其作品《基度山恩仇记》和《三剑客》闻名于世，此外还写下许多感人的长篇小说。由于他写作速度惊人，不免令人猜测必有其他作家为他捉刀。于是有人就向其子小仲马提出此疑问，小仲马听了以后十分不悦地回答："这是什么话？我父亲是因为晚上暴饮暴食，造成消化不良，总是无法入睡，才索性利用写作来打发漫漫长夜的。"

身处人声喧嚣的环境之中，所有潜在意识皆被主观的原则或理性所限制，以致影响了个人的想象空间。相反，静夜时分一切主观的原则或理性的动力减弱，潜在意念如脱缰之马，自由自在不受阻碍，使一个人的本性真情充分流露，在夜幕低垂之中活跃灵动。

让日间所有的执著，沉浸于夜阑人静的湖里。想象的船帆油然舒展，促使原来狭窄的思考航路，扩展出一片海阔天空来，不受狭隘理论、原则之局限，故能激发意外的灵思，同时也难免涌现出毫无根据的幻想。因此面对顷刻而出的思想，也要加以区分抉择，细细琢磨一番再予以保留，如此才能成为一个富于创意的人。

睡眠思考法——用印象思考

在睡觉之前思考。当你睡着时，你的思考会伴着问题而进入梦境，梦中你仍在思考，而且范围更广泛，因而你极可能借此想通了问题。

对于一个问题，如果用研究思考法和假设思考法还不能解决，用睡眠思考法或许会有意想不到的效果。

何以见得？因为在睡眠状态，可以把问题想得很广很远，不受任何既成的观念影响，而从各个不同的角度来观察，这样，印象就更能发挥功效而分布很广，自然就能很容易抓住灵感。

印象之所以会分布很广，主要是因为在思考问题时，会不断地产生新的创意。

此外，还要特别注意，当表面意识受到外部刺激时，潜意识便会将一切固定观念或主观观念切除，创意便会在大脑中出现，也就是利用印象来思考。

运用梦的神奇力量

即使是最注重分析与非创造性思考的人，每个星期也会花许多时间在纯粹的右脑思考上——当他睡觉的时候。每个人每天晚上的梦境都分为几个阶段，这些阶段共同的特征是快速的眼睛运动。如果一个人在快速眼动阶段醒来，他一定会记得梦的内容。人人皆有梦，有人经常记得起梦的内容，有些人却是春梦了无痕。习惯右脑思考者较能快速地想起梦的内容，左脑思考者则不是这样。此一现象并不令人感到意外。梦，当然是一种非常右脑式的活动，它有着自成一格的视觉意象，而且往往无法通过语言或逻辑予以理解。正因为如此，在清醒的意识状态下回忆或描述梦境时，必须将梦中意象从右脑形态转换为左脑形态。由此可知，梦是一种非常特殊的心理状态，也是一种非常特殊的右脑表现方式。

梦是我们最真实的一部分

梦境中稀奇古怪的事与意象，似乎和搜索、分类、重整资料以图归纳出意义的过程关系密切，这和图书管理员每天闭馆之际，都要将所有书籍归回原位的道理一样。梦的语言不适于有意识地（亦即左脑的）消化。讲究因果关系与逻辑概念的左脑，对大量的资料搜索与分类工作无能为力。若欲解读梦的语言，就必须借助右脑的全面性运作系统。梦境中从过去经验——有时甚至可以追溯到童年时代，跳出的奇怪意象证明，右脑进行了一次全面性的搜索行动，企图找出恰当的解决之道。所有被我们视为诡异、毫无道理的意象，似乎都属于特殊的右脑内在模式的一部分。

纵使我们对梦的了解不尽正确，梦的重要性却已毋庸置疑，主要理由有三：第一，梦的内容通常和我们生活中发生的事情有关，亦即所谓的“日有所思，夜有所梦”，梦境似乎都是用最佳的方式来解决我们所面对的现实问题。第二，梦能够从过去的经验，一些左脑鞭长莫及的有意识的回忆中，拾取相关的感情及资料。第三，梦会启示关于我们自身永远无法磨灭的真理。无论我们对梦的了解与诠释多么有限，但可以肯定的是，这是我们自己最真实的一部分。

善用你的梦

我们是否能将梦有计划地运用在特定目的中？控制梦境最简单的形式就是，命令你的梦为你解决现实中的问题！把问题交给右脑，过了一段时间之后，我们便能接收到解决问题的透彻见解，但是当这整个过程是在无意识的睡眠状态，而非有意识的清醒状态下进行时，它就显得神秘异常了。

尽管睡梦中的我们并不清醒，但还是有感觉的。有些人需要闹钟，就可以随心所欲地清醒过来，他们靠的是一种在睡眠状态下运作的心理自我设定系统。一个母亲可以对各种噪音听而不闻，安然入睡，但是只要她的宝宝轻轻地哼唧一声，她就会立刻清醒。同理，你在睡梦中听到有人叫你的名字，你可能会应声醒来，但是如果你听到的是别人的名字，你就不会有任何反应了。由此可知，当我们处于睡眠状态时，脑子也许对周围的事物浑然不觉，但是它仍然是活跃的、有知觉的。

你应该如何对梦下达指令

在睡前清晰地摹想问题，然后直截了当地要求自己的脑子提出你心目中的答案，如果你愿意，也可以把自己的意思大声说出来。你还必须要求自己在记得起梦境内容的阶段醒来，然后要求自己能够完全了解梦的旨趣，如此一来，你方能解决问题。不要期望过高，希望第一次实验就能成功地掌握全局。这和其他心灵练习一样，每一阶段都必须反复练习，才会熟能生巧。

刚开始时，你不妨经常试着进入安静状态，回想自己做过的梦(任何梦都可以)。其次，将注意力集中在特定问题上，并且要求自己记起“处理”这些问题的梦来。然后，你进一步要求自己洞悉梦的意义，这样才可以将之运用于实际问题。无论你怎么做，睡前一定要在身边准备好纸笔以供记录之用。被唤起的梦如春云一般容易消散，没有什么事比知道自己有了一些石破天惊的启示，但是却忘得一干二净更令人沮丧的。

就和利用想象力一样，你也可以要求自己回忆梦境的内容，并且用于解决实际问题。深居于马来半岛的赛诺族有做梦传统，每个族人从稚龄时代便被灌输这个传统。族里上上下下每一个人都记得他们的梦，这些梦被视为对全族、个人发展或是日常事务的启示与指导原则。梦和其他右脑功能一样，在西方文化中的地位一向十分低下。但是如今我们了悟了梦的原创性，应该再一次肯定人类心灵的创造力。了解并运用这些力量，有助于我们成为创意者。

捕捉瞬间的构想

失眠以及睡与醒之间的状况，乃是最经常产生创意领悟的时候，如前所提及的，华德狄斯奈的很多构想都是在失眠之夜产生的。

在构想孕育的期间，任何一个时刻都可能有顿悟产生，例如：在半夜里、在咖啡室、刮胡子或在海滩徜徉时，所以应该随时准备捕捉住孕育的构想。

19 世纪奥地利天才作曲家舒伯特，一天和几个朋友一起到维也纳郊外散步。回来的路上，他们偶然走进一家小酒店，谈话间舒伯特看见桌上放着一本莎士比亚的诗集，他随手拿起来读了几遍。忽然他大声嚷道："旋律出来了！"霎时间，舒伯特就像着了魔似的在菜单上疾书起来，他似乎已完全置身于喧嚣嘈杂的小酒店之外。不到15分钟便谱写完了《听，听，云雀》这首著名诗篇的全曲。

大部分有创意的人都有从孕育期间产生好构想的经验。科学家唐·耐须承认，他有很多创意构想是在高速公路上开车时，突然出现在脑海的。埃密森每天一定会抽出一段时间来，到溪流前安静默思。

引发潜意识的直接诱因总是偶然的、随机的、无可预料的，因而一旦由之引发，就一定是意想不到地突然出现，如不及时抓住，即有可能如过眼云烟一样转瞬即逝。英国数学家哈密尔顿认为，如果他不是及时抓住突然闪现的潜意识，也就是他所谓的"电路的接通"，那么"四元数"的发现（对代数学具有重要意义），也许会推迟10年甚至15年。

有这样一个故事：著名法国物理学家安培，一天傍晚在街上散步。忽然他领悟到一道题的解法，便随手从口袋里掏出白天剩下的一截粉笔头，向前面的一块"黑板"走去，并在上面演算起来。可是，没等他算完，"黑板"却一下子挪动了地方，他只好追随在后面一边走一边继续演算。谁知"黑板"越走越快，直到他再也追不上时，他才发现，街上的人都在朝他哈哈大笑。原来那走动的并不是黑板，而是一辆黑色马车车厢的后面。

构想和领悟可能立即出现，也可能在几小时后、几天后、几年后，才出现于你的意识中，也可能永远不出现。常常由于期限所限，在潜意识能提供给我们最好的决定之前，必须在我们的意识中先做决定。

人类所创造的一切，莫不是以思考的动力作为源起的形式。人类不能创作未经思考酝酿的事物。凭借思考的帮助，思考动力可组合构成计划。受到控制的想象力可用以草拟计划，或者孕育目标，引领人们在所选的行业中崭露头角。

如何化潜意识能量为创造力

潜意识夜以继日地运行操作。通过人类不明所以的过程，潜意识汲取了无穷大智的力量，自动转化一个人的渴望为实质对应事物，运用了可以达成此目标的最实际的媒体中介。

你无法完全掌握你的潜意识，但是你可以按照自己的意思，传递给潜意识任何计划、渴望，或你想化为具体形式的目标。

结合潜意识和创造力的可能性无边无际，而且不可思议。其启发人心的力量令人敬畏。

每一次讨论到潜意识，我莫不心怀自觉渺小的谦逊卑抑，可能是因为人类整个的知识库存里，对潜意识的所知仍少得可怜。你接受了潜意识存在的事实，并了解到以潜意识作为媒介，化渴望为实质对应事物的可能性之后，你会领悟出有一个明确的目标是多么重要。

目前，你只要记得，无意之间，你已每天生活在所有通达你潜意识的思考动力模式之中。其中有些念头是正面良性的，有些则是负面恶性的。如今你正致力于阻隔负面思考动力于门外，并主动依自己的意识，借由渴望的正面冲劲，左右自己的潜意识。

做到了这一点后，你就持有了开启潜意识心灵大门的钥匙。更重要的是，你可以完全控制那一扇门，没有任何一种你不想要的想法能左右得了你的潜意识。

潜意识较易受制于融入“感受”或情绪的思考动力，较不容易受制于纯源自心灵中理性部分的思绪。其实，只有情感化的思想可以左右潜意识的行为，此一论调证据确凿。情绪和感受统治着大多数人，是人尽皆知的事实。如果潜意识对于混杂了情绪感受的思绪反应较快，这是真实的，熟悉其中较重要的几种情绪，也就是必要的了。正面情绪主要有 7 种，负面的也有 7 种。负面情绪会主动投注到思考动力中，而且一定可以抵达潜意识层面。正面情绪则须由人为投注，借由自我暗示的原理，导向个人所愿发派给潜意识的思考动力之中。

这些情感或称情绪冲动，可以比喻做面包中的酵母，因为行动的因素是由这些所构成，将思考动力从被动消极转变成主动积极。如此一来，你可以明白，和情感混合均匀的思考动力，为何要比源自“冷酷性”的思考动力，更能鼓动人采取行动。

你为了要传达想化身对等财富的渴望给潜意识，正准备让自己调教管束好潜意识的“内在听众”，因此，你有必要了解一下，如何才能接近这位“内在听众”。你必须说它听得懂的话，否则它不会理睬你的呼唤。它最懂得情绪或感受的语言。所以，我们在此描述 7 种正面的情绪，以及 7 种负面的情绪，以便于你在对潜意识发号施令的时候，可以取用正面情绪，而回避负面情绪。

7 大正面情绪

渴望

信心

爱

性

热力

浪漫情怀

希望

其他还有诸多正面情绪，但是以这7大种类的力量最强大，若要论最常用于助长创造力的情绪，也非这7大类莫属。驾驭好这7种情绪（只有加以运用，才能驾驭得了这7种情绪），动用其他正面情绪的时候也能随心所欲。切莫忘记，此时此刻你正在读一本书，此书以正面的情绪充斥你的心胸，借以助你开展“金钱自觉”，用意就在此。

7大负面情绪

恐惧

嫉妒

恨

复仇

贪婪

迷信

愤怒

正面情绪无法和负面情绪和平共存，两者不能同时盘踞于意识之中，双方不共戴天，只有其中一者可以主控。因此，你有责任确保自己的心灵主力是由正面情绪所构成。这时候，习惯的法则可以助你一臂之力。要养成活用正面情绪的习惯！正面情绪终将主宰你的心智，以致负面情绪遁形而去。

只有逐字逐句切实地遵守本书的指示，你才能掌握你的潜意识心灵。只要潜意识中出现一念之恶，便足以毁掉潜意识给予你建设性助力的所有机会。

充分发掘你的潜意识

现在这个科学时代，一部电脑可以在刹那间处理人们必须花费数月乃至数年时间才能解算出来的复杂数学问题，其功用之复杂，无论几百几千亿的资料，它都能为你整理存档或输出正确答案。但是，它的最大缺点，就是无法判断资料是否正确。基本上，它是根据被赋予的资料解决问题，如果资料有误，则其解答也必定有误。

我们人类的潜意识也和电脑一样，若不能给它提供正确资料，潜意识就无法提供正确答案。以下我们将提供几个潜意识如何被善加利用的方法。

1. 在每天生活中不断吸收新知识

这个方法适用于学习、工作、闲暇等生活的任何方面。如果你感觉从事你目前的工作无法再学到什么东西，就应该从其他方面补充。譬如：每天至少阅读30分钟与工作有关的书籍，利用晚间闲暇时去听职业讲座或上夜校。如此，“心的图书馆”才能得以充实。

2. 多利用潜意识解决问题

针对某个问题，集中火力专攻约2个小时的时间，然后停下来休息或做别的事，一方面松弛神经，一方面让潜意识有充分作用的时间。过一阵子再面对时，你会发觉问题变得简单多了。

3. 锻炼潜意识的创造力

为能改善或解决问题，你应该训练自己有建设性的思考习惯，而最好的方法就是把潜意识沉浸在富于创造性的行动中，给它一个制造创造力的环境，很快地，你就可以获得自我提升。

4. 抓住潜意识所产生的观念

无论何时，当你心中产生某种观念，都应立刻写在纸上，将之归档。然后，每个月查看一次档案，将自己认为对工作有益的观念抽出，思考得失后，很快地付之于实行，用于实际生活之中。

5. 以积极的观念充实潜意识

排除会导致失败的消极观念及怨恨、嫉妒等不好的感情。这些感情皆会将你导向错误的方向，将其全部加以排除后，再输入正确有益的积极观念，你便可获得成功所需的积极人生观。

第七章　唤醒沉睡的直觉

人的直觉并非是无理性或不切实际的。相反，它是潜意识心理思考的结果，它是对问题的内在规律的深刻理解。

石油大亨保罗·盖帝的一生，印证了“自我创富学”的很多原则，他的一句箴言可以作为大家的座右铭：“无论你喜欢还是不喜欢，世上确实存在‘百万富翁意识’这回事。”

大体上说来，每一个人都有与生俱来的“预知”能力。所不同的是，一般人没有那些受过训练或经验丰富的人来得敏锐准确。

能够有敏锐“预感”的人，比较容易走上成功的道路。他们经常由于一刹那的感应，触发思绪，从而把不可能的变成可能，化劣势为优势，像这种情形在人的一生中，不啻是一个重大的决定性关键。

借助直觉选择最有价值的构想

一个发明家真正的工作是从产生的构想中挑出有用者，而选择的法则是非常微妙的，几乎无法精确地描述，仅可借助感觉而得到，要把它写成公式是不可能的。这个说法是视“感觉”为科学和发明等客观学问中的一个重要部分。

生活是一种从不充分的前提导出充分结论的艺术。哪一种构想最好？在下结论前，似乎永远没有足够的资料可供参考。因此人们不仅需要从意识的层面来寻找，还要从广阔的潜意识层面来探讨。在做过意识思考之后，最后就会运用到直觉式的思考。所谓直觉式的思考，就是综合了意识和潜意识的思考方式。

艺术家更是有赖于潜意识的思考，来进行与艺术有关的构想。然而真正有创意的人，善于用他们的意识和潜意识来选择最佳构想，他们依赖着储存于意识中的经验、知识、心理和态度。

宇宙、男女老少、动物和植物、云和风、沙和星、物体、空间、碎石和每个大自然的产物，都具有特殊的本质、独一无二的结构和特别的存在。

自然和生命的每一方面都包含有独创性，并通过与其他实体或组织的关系，达到一种活生生的整体与结构的和谐存在。人类正如宇宙的万物一样，都是独一无二和特殊的。

很多心理学家告诉我们，我们做决定和构想的过程，有赖于本身独特的心理自我和经验自我。心理学家们强调过去的经验对知觉的影响，凡是人们所见和所经历的，尤其是在有成功经验的事情，心理自我所接受时，人们更倾向于选择过去曾有成功经验的解决方法。

音乐家莫扎特认为，他的创新力是他自己独特的心理天性所发展出来的自然结果，他解释他的作曲风格与众不同的原因，乃是由于他自己的独特性，就如同鼻子的大小是个人的特性一样。

虽然我们常常能够辨认出自己的独特性，也能认识其价值，但出乎意料的是，人们往往不能够承认他人的独特性。当人们在艺术馆参观时，试着要猜测某画家的画所要表达的意境，但却往往猜错，因为有时候画家本身并没有意识到为什么他创作了那幅图画。最有价值的艺术作品，常常是那些能够吸引很多不同的人产生不同观点的作品。自然主义者可能喜欢一幅画，因为他们觉得这幅画表达了自己的美；但另有一些人也喜欢同一幅画，喜欢的理由是此画指出了人对人的残暴。

创新的过程是由个体的独特性而产生新奇的关系或成品的行动。人要变得更有创新性，必须辨认出自己的独特性，而且基于本身独特的目标、需要和经验，来选择最有价值的构想。

保罗·盖帝的“创富直觉”

有人这样评价石油大亨保罗·盖帝：“他拥有无比的个人魅力，有惊人的远见，更有支持自身的强大心灵力量。”

盖帝拥有强大的直觉力，而这超乎寻常的能力，令他的性格与决策时常“超越常规”，变得无迹可寻。他被视为一个反叛既成制度的人物。

盖帝的致富，就是因为他有胆量去忽略“大众意见”，笃信自己的直觉力。

第二次世界大战结束以后，据

说中东有丰富的石油，盖帝决定到中东的“中立区”去发展。要打入这个所有石油大公司都垂涎三尺的新市场是件很不容易的事。他花了很多钱，才签到合约。在许多人眼里，盖帝签这么一个合约实在是愚蠢的行为。许多人甚至预言他会丢掉所有的钱！

在经营的头4年里，似乎这些人说得不错，因为盖帝一滴石油也没打上来。这种情况一直延续到1952年，但盖帝一点也没有泄气。

他的直觉告诉他这里有石油，这里的石油在等着他打上来。这些石油迟早会被发现的。他的坚持终于得到回报。1953年，他钻出了石油。后来，盖帝继续对中立区进行纵深钻探，发现这地区确实有非常丰富的石油。盖帝不墨守成规，不肯听信他必定失败的预言，这使他能一而再地找到石油。

盖帝于1976年逝世，享年83岁。他的一生，说明了“自我创富学”的很多原则。他下面这句箴言，更可成为读者的座右铭：“无论你喜欢还是不喜欢，世上确实存在‘百万富翁意识’这回事。”

对经验共鸣的理解

人的直觉并非是无理性或不切实际的。相反，它是潜意识心理思考的结果，如果你觉得下午会下雨，可能并非你意识到天有云或温度高，而因为以前有同样的气象情形，结果下雨了。这些都是直觉的表现。

关于直觉，爱因斯坦曾有一精辟见解，即认为直觉依据于“对经验的共鸣的理解”。直觉是对问题的内在规律的深刻理解，这种理解来自于经验的积累，它是经验积累到一定程度理性与感性突然产生共鸣时，而表现为豁然贯通的一种顿悟式的理解。

也许有创新精神的人最基本的条件是他们的内在判断与选择，他们以心灵而非耳朵来聆听，这并不是说有创新精神的人不愿意或不注意去聆听别人，或合理地运用意识来思考。更妥当的说法是，他们除了要满足意识上的结论之外，还要去“感觉”它的正确性。

柏拉图说：“解决问题无非靠记忆而已，如果我们不是早就知道了答案，有问题时怎么能找到方法来解答呢？”或许我们在感觉上已经在潜意识里选择了我们早就知道的答案。且不论柏拉图的立论是否正确，它指明了一项事实：感觉是以我们过去所积累的知识和经验为基础的。如果我们在某一方面的知识和经验有所不足，那么在这一方面只凭直觉，其价值也就有所限制。因此，某一行的真正专家，其直觉的正确性，当然比非专家要来得高了。有创意的人在真正相信他的直觉之前，必须要学习本行的一切事物。当你捕捉住那一种“我有一种直觉”的兴奋感之后，继续相信你的感觉。如果你所想的是你懂得很多的一个领域，那么你的想法正确的可能性就很大，这种相信直觉的方法也就是创新的方法。

知识的质与量是主要因素

任何一种思考能力都是可以培养的，直觉式的思考能力也是如此。既然这种直觉是可以培养的，那么要具备什么必要条件呢？说穿了并不难，只要将经历多年的知识累积，质量兼顾地加以孕育，自然可以做到。此外，还有一个主要因素，就是必须将得到的经验熟练运用。

在日常生活中，常会因外界的刺激或影响而对某事产生预感，当预感滋生的一刹那间，若能抓住正确的方向，必能感觉并预见即将触发的事情或行动。

有许多事实显示，知识量越多的方面，所滋生的预感就越能见效。换句话说，就是预感的命中率越高。不过，这还要看个人平日是否随时将微乎其微的心灵感触或撞击，经过整理后视为知识妥善保存起来。

通常，在运用预感时，凡经过自己亲身体验的知识，要比由书本获得的知识来得实用而正确。

人生旅途的坎坷，犹如商场上的不景气，再不安定的时代里都会有流芳百世的人出现；再不景气的时候，在商场上还是存在营业额激增、产品被抢购的公司。这是什么缘故呢？这完全是由于他们善于吸收知识并灵活运用的结果。

把握印象有助于产生直觉

在日常生活中，用什么方法才能将瞬间印象把握住呢？

首先，我们应该了解的是：存在我们记忆中的印象和知识要比语言文字的资料多得多。

根据一位学者的统计，在人的记忆中，语言知识量与印象知识量的比例是1∶10 000，这个统计说明了以印象捕捉记忆，比用语言文字来保存记忆要有效得多。

从下面的例子中，读者应当更容易了解。

例如，我们试着在脑海里制造一朵“花”的形象，那么，很快我们会联想出许多种花。如“百合花”、“玫瑰花”、“兰花”之类；或是“白花”、“红花”、“黄花”；“大的花”、“小的花”等具体形象。对于这种印象的组合，可以随心所欲去联想，并无一定限制。一个人最高的享受，莫过于思想能够自由驰骋。

对一件每日相处的东西，能够背着它而细数出它的种种特征，恐怕1 000人之中找不出几个人吧！对许多人来说，如果不经特别提示的话，常是漫不经心，视若无睹的。因此，平常就要养成对周围的事物观察入微的习惯，随时把它们纳入印象中，当你需要它们时，它们便可如泉涌般地出现。

以这种方法，积累许多事物的印象，新印象和旧印象结合起来，便可以更进一步地运用于预知将来，并提供给你判断事物的依据。这样，人类预感的显现将会更具效用。

如果能捕捉到一切事物的主要因素的话，则预感会随时产生。相反，若用语言或文字捕捉，不仅不能记住全部（或大部分），而且浪费时间。在残缺不全的资料中，要产生正确的预感及判断，那是不可能的。

由实际经验中产生直觉

现在，就让我们来详细解说，培育直觉所要注意的几个要点。

首先要注意的是要有实际经验，这一点是绝对不可或缺的。

直觉是由潜意识和经验连接而成，也就是利用过去所经历过的印象，因某种刺激而通过身体，再一次表现出来的。

由于这个连接，凡由外部来的刺激，如被斥责、被赞美，或悲痛、安慰等，其所表现出来的就是愤怒、高兴、悲伤、感激等种种反应。这种直觉，并非仅凭读几本书或听取别人的意见就可以产生的。

除非是用自己的钱经营过生意的人，否则就不知当把钱拿出去做生意时，会像莎士比亚《威尼斯商人》中的主角那样，有切肤之痛，也不会了解赚钱时那种兴奋和充实的感觉。

因此，想得到情报，想运用灵感，就连手尖、足尖，甚至头发都会充塞着紧张去行动。

没有实际经验而活动的灵感就像赌博一样，是一种不科学的判断，只能说是在碰运气罢了，有侥幸猜对的时候，但多半时候他是猜错了。这些足以影响人们一生的际遇。

读书和听别人的经历，虽然同样的知识也被记存在大脑中，不过这些知识必须等消化吸收“融会贯通”后，才能发挥它的功用，才能将反应信号传给身体，而实际经验则不，它只要将印象稍加整理，即可以发挥效用。

这个道理就像一个从未吃过酸梅的人，你再怎么向他解说酸梅的滋味，他仍旧像丈二和尚，摸不到头脑，无法体会。当然，遇到这种情形时，你可以拿其他的滋味类似的食品（如柠檬或蜜杨桃）让他尝尝或许可以揣摩一二，但还是没有实际的经验来得具体。因此，最好的办法还是拿颗酸梅给他吃吧！

锻炼直觉必不可少的一课

每一个人对“成功”所下的定义均不一样，而其精神却是一样的。例如，经商者认为成功就是商品很畅销；玩股票的人认为能赚钱就是成功。篮球运动员认为篮球赛赢了球，夺得冠军就是成功。所谓畅销、赚钱及胜利，对当事者而言，无疑就是成功。成功是令人兴奋的。在尝到成功的滋味及达到目的的一瞬间，兴奋会使你的内心和身体连接在一块儿，呈现一种身心欢畅的状态。

当然，有成功就有失败，如果将成功比喻为人生的顺境，那么失败便是人生的逆境了。一个在事业上有成就的人，他一定不会将失败视为绊脚石，反而认为是考验自己的试金石。一个人如果经不起失败的考验，等于是将自己的前途放入绝望的困境里。能在挫折中汲取失败的教训，在胜利当中找出成功的要诀，对于这种人失败之神是无可奈何的。

找出成功的要诀最佳的途径是实地去观察与体验。

以推销员来说，在推销产品时，必须以顾客的兴趣为主题，一面做商品的说明，一面把话题放在顾客身上，如此，顾客才会注意你所说的，才会认为你是个可信赖的人，而毫不犹豫地买下你所推销的东西。相反，如果你的态度冷漠，说话漫无主题，顾客必无兴趣而推说有事就离去了。

另外，推销员还要懂得观察商店的经营状况，然后进入生意鼎盛的商店销售商品。而且尽量以对方的兴趣为话题，要绝对把握住游说的要领，如此，方可顺利达到目的。

世界上绝没有不劳而获的成果，也不会有一开始就很顺利的事，在事情的进行期间遇到挫折是难免的。对付失败最好的办法就是面对它，重新再来，总会有一线生机出现的，当你悟到生机时，以后迎接你的就是一条顺利的坦途。

但是，我们谁也不敢肯定成功何时到来。我们在心中谨守这样的信念，持续不断地去做，使得成果一次比一次好。就像棒球投手，在经过千万次的练习后，会一次比一次有更多投好球的信心，这是同样的道理。

所以，持续不断地去做，直到成功为止。在直觉的培育中，这也是相当重要的一课。

养成用印象来思考的习惯

若想你的直觉力更为敏锐，最好养成用印象来思考的习惯。例如，当你去推销商品，向顾客介绍商品时，顾客如果随口说道：“嗯！好像还不错。”你不可认为这就代表顾客要买，你还必须察看他的态度、眼神等，如果他的态度果真神采飞扬，爱不释手，那才可以断定他会买下来。

另外，当你离去时，客户会对你说一说：“再坐一会儿嘛！”如果你想证实他这句话是否出于真心，可从他的态度与动作上去观察，在你停留时间内，假如他没有低头看过一次表，他的挽留就是真诚的了。

像这些细微的观察，表面看起来，好像不太重要，但遇到这种场合时，就必须多加思考，否则，会产生误解或领错情，非但生意谈不成，反而徒然招惹他人的厌烦。

然而光是把现场发生的印象纳入脑中，这还不够，在推销商品之前，还要迅速观察一下顾客的兴趣偏向哪一方面，针对对方的兴趣去谈话，要吸引对方注意你的话题，甚至对你的产品也发生莫大的兴趣。相反，有一天你在客户的家里，看见高尔夫球具，可是你却讲了一大堆有关钓鱼的事，或者看见庭院种了许多花卉却不加赞美几句，这样，客户不但不欢迎你的拜访，甚至还会嫌恶你呢！

印象是一种经验的累积，然后再纳入脑中，经常加以思考咀嚼而得到，并非言语所能表达的，敏锐的直觉往往就在这种情况下产生的。你所看到的美丽花草，以及所观察到别人的态度、动作等，都是你亲历的经验，如何使经验成为印象，而完美地表达出来，则要看你是否经常加以思考、分析来决定。

印象有时鲜明活泼，有时陈旧。鲜明而不甚重要的印象，过不多久就会变得模糊不清，而陈旧且影响至深的印象，却会使你终生难以忘怀。

国外一位保龄球专家在回答杂志社的访问时说：“其实我在掷球时，并没有什么秘诀，只不过时常回想那次胜利时的手法，记住最好的姿势，在挥出去的一刹那，能够及时起反应罢了。”乍听之下，好像没什么奇特之处，然而，这种方法却最容易使人培养起敏锐的直觉，这个方法也就是养成用印象去思考的习惯所造成的结果。一个人之所以能在同行之中出类拔萃，原因也就在此。

要使研究、发明或经商顺利达到成功之岸，其方法亦然。必须掌握用印象来思考，而非用语言来思考这个要领。在这个时代里，要成功的话，非运用你的直觉不可。凡是进行某件事，能够把握住几个要点，然后把它纳入印象中，以后再慢慢去回想思考，事情一定能水到渠成。所以，对想要获得成功的人而言，养成印象思考的习惯是非常重要的。

经常做资料的研究与整理

经验是从一个人所经历的事情中所积累下来的，也有赖于我们对所经历的事情进行研究与整理。研究、分析及整理的原则是：不管你做的某件事是成功还是失败了，你都要彻底地研究一番，从头到尾再加以分析整理一番，取其精华，去其糟粕，以后你的直觉就会更为敏锐了。之所以要这么做的原因是，在分析整理的时候，可将失败和成功的因素加以归类，如此直觉将会更敏锐。因此，当你再度遇到类似情形时，你能够很快地察觉那个置你于失败的关键，而加以注意，不会再陷入失败的泥沼里。这时你会产生成功的信念——这样去做一定可以成功。换言之，就是产生了直觉。

如果是一个企划案，你是否检查过：在新闻媒体上宣传有没有尽力？海报的制作有没有按预定进行？

如果是在研究与开发的过程中，你是否调查过气温、气压、湿度的问题？各种产品的品质是否已经达到标准？

如果是经营，你是否调查过客户的定货量？资金的周转有无问题？是否已照各部属的意愿去分派工作？

如果对这类事情，每次都能做一番研究、分析与整理，你便可掌握住失败、成功的因素，针对目标前进，效果会事半功倍。

总而言之，能对一件事情，反复地研究、分析、整理，不但增加了事情成功的可能性，渐渐地，直觉力也就会越磨越敏锐了。

敏锐的直觉来自对事物的兴趣

如果你要一位学生讲昨天那场电影的剧情，他可以滔滔不绝地讲出来，然而要他说出教科书中某一章节的主旨，他未必会记得，甚至会想要逃避这件事。比方说，假如你每天必须向你讨厌的上司提出一份不完整的报告，你心里会有什么想法呢？又会有什么表情出现呢？或许你会逃避它，而找种种借口推延到明天。每一次想到这件事，心里就会不舒服，心情也顿时沉重起来，脾气怪异，想要去忘掉它，它却阴魂不散地围绕着你，你因此而身体不舒服、呕吐、胃疼……

相反，如果你想到今天你在公共汽车上，又可以遇到一位令你惊为天人的小姐，美好的印象马上出现在脑海中，心情顿觉开朗，步伐也放轻松了，尽管待会儿到公司，还得向上司提出报告，但那种痛苦却已减轻不少了。

像这样的，某些事情影响心情，进而使身体的反应也跟着起变化，由此印象的好与坏，也很容易分辨出来。

另外附加说明的一点是，以印象去思考出来的效果，比用语言思考的效果，要好上 4 ~ 5 倍。例如，你同样用印象和语言来思考，彼此都产生了不愉快的感觉，然而，由印象产生出来的感觉往往要比语言思考强 4 ~ 5 倍。如同你每次想起那位讨厌的上司对你絮聒不止的样子，心理就会极端地不愉快，甚至愤怒起来。

逃避畏惧或不喜欢的事物，是人类与生俱来的本能，因此将厌恶的事物逐渐淡忘，而把美好的印象留下来，这也是一种极自然的现象。为了保持健康把讨厌的事忘记了，这对身体是有益的。

一个热衷于跳舞的人，只要听到迪斯科的旋律，就可以轻松地舞蹈起来。对钓鱼有兴趣的人，一谈到钓鱼的事，脑海里就会浮出游鱼吸饵的美丽画面，而且还想着："下次钓鱼时，用葡萄藤上的小虫做鱼饵更好吧!"等假设。预感在这时候越发显得敏锐，相反对于不愉快的印象，就不会出现这种强烈的反应，只是心情比较沉重罢了。

一个被认为直觉灵敏的人，不管在做事或聊天时，都会表现出兴趣盎然的样子，这是和兴趣有关的。

固定观念将使直觉迟钝

有敏锐的直觉存在，自然就有迟钝的直觉存在。直觉之所以会发生迟钝的现象，原因在于对一件事情的看法，过分地拘泥于形式，无法产生其他有效的联想，而把许多重要的因素给遗漏了。

这个道理，我们举一个最简单的例子便可明白。

有一天，当你被问"椅子有什么用途?"你会怎么回答呢?也许这时候，有一个非常固定而理所当然的印象会在你脑海中出现，你毫不犹豫地回答："椅子是给人坐下来休息的。"不错!但是你是否还能够想到其他的用途呢?你从来没有在其他地方用它的实际经验，所以你就回答不出来了。现在我们用点脑筋想想：坐的用途只是其中的一小部分，它还可以拿来垫脚用，使人可以拿到搁置在高处的东西，有时也可作为栅栏用，或受到攻击时还可以拿来自卫，或用来作为室内装饰用等。

如果能够像这样把这些资料记录在脑海里，以后遇到任何变化时，它们立刻浮现脑际，很快便做出反应。如果你固守“椅子是给人坐下来休息的”这种独一的观念，一旦你遭到小偷的袭击时，你可能不会立刻就抓起身边的椅子来保卫自己。

去除固定的观念，说起来虽然简单，但做起来并不容易，若要成功地培养直觉，这也是一个极重要的条件。

接受积极的事物

人的思维就是一个有目标的电脑系统。萦绕在你头脑中的潜意识，就有如电脑程序，直接影响这种机制运作的结果。如果你的潜意识中自己是一个失败的人，你会不断地在自己内心的“屏幕”上看到一个垂头丧气、难当大任的自我；听到“你不长进、没有出息”这一类的负面信息；然后感受到沮丧、自卑、无奈与无能——而你在现实生活中便会“注定”失败。

另一方面，如果你的潜意识中自己是一个成功人士，你会不断地在你内心的“屏幕”上见到一个意气风发、神清气爽的自我；听到“你做得很好，但你会做得更好”这一类的激励信息；然后感受到喜悦、自尊、快慰与卓越——而你在现实生活中便会“注定”成功。

在我们潜意识状态中，积极的信念会比消极的自我暗示，更容易产生影响力。

我们的神经系统是很“蠢”的。你肉眼看到一件喜悦的事，它会做出喜悦的反应；看到忧愁的事，它会做出忧愁的反应。而你用“心眼”“看见”喜悦的事或忧愁的事，它也会做出相似的反应。

当你习惯地想快乐的事，你的神经系统便会习惯性地令你处于一个快乐的身心状态。若我们时常想象成功，我们会渐渐地拥有成功的性格，然后再拥有成功的人生。

我们的大脑就是一部最精密的电脑，我们掌握到输入“胜利者”的要诀，便可以在生活中自然地产生“胜利的行为”，如此这般，我们便可改造自己为“胜利者”。

你要做胜利者——你要成功，便要从这一刻开始，改变你的自我形象，利用积极的想象，将你的神经系统变成一个“成功者电脑”。

掌握印象，提高灵敏度

所谓“提高直觉力”也就是增加预感滋生的可能性。许多人都认为：只要把握住确实的要素，就能使直觉趋于敏锐，其实并不仅是如此，要增加直觉的敏锐性，还必须先要把握住印象资料，像我们日常生活的行动与思考一样，掌握住要诀，使资料能够记入脑海成为印象。

何谓“掌握印象”？掌握印象就是将已进入脑海中的知识资料，再做一次有效地思考整理，其目的在于使预感更灵敏。

掌握印象的第一个步骤：要先将那些能使预感敏锐的要素掌握住，并使其充分发挥效果。现将这些要素详列如下：

1. 养成用印象去思考的习惯。
2. 去除那些固定不变的观念。
3. 积累经验。
4. 持续不断，直到成功。
5. 试着去喜欢那些能使预感滋生的对象。
6. 养成将印象资料加以整理的习惯。

我们的心会引来幸运

古希伯来的神秘家们叙述所谓恶魔的形象是：说神的坏话，毁谤神的真理、说谎话的人。善与恶是活在人体里的灵魂，二者只不过是显示出与真理息息相关的人心动向罢了。正如如果你使用电的方法错误，常会导致灼伤或受皮肉之苦！

和这个道理一样，如果误用潜在意识的法则，便会得到否定性的反应。自然力不是恶，我们会得到肯定的反应还是否定的反应呢？其关键在于我们如何去运用自然力与心中的力量。严重的蒙蔽，就是在你心中隐藏着各种事物、状况、现象……它们会成为你贫困、灾难、不幸等的决定性要素。

就像有人叫你白痴，你自己明白你当然不是白痴，于是这句话便不具任何效力。你把你的心交给平和的潜意识，平和及爱便会充满你的心，命运便会以各种机会来眷顾你。力量往往是从你内心产生的，而不存在于外界。

如果你为一个问题的结论挣扎了一整天，仍然没有显著的进展，最好不要去想它，暂时不做任何决定，让这个问题在睡眠中自然地解决。因为在没有太多意识干扰时，也就是最佳的工作时机。

引起紧张、匆忙、焦虑等情绪的另一个原因，是同时想做很多事情的荒谬习惯：学生一面看电视，一面做功课；企业家不将注意力集中在他正在口述的信上，却在心里盘算着今天应该完成的事情，心里希望能够马上同时解决。

这些坏习惯是在不知不觉中养成的，当事者通常都感觉不出来。我们想着眼前有很多工作，因而感到神经过敏、忧愁、焦虑不安。

这种神经不安的情绪并不是由于工作而产生的，而是由于心里的想法——“我必须同时完成这些事情。”我们紧张，是因为我们想做不可能的事，这样无可避免地招致徒劳和挫折。所以，正确的做法是：一次只做一件事。

了解了这一点，我们就不会想要同时“做”下一件事；相反，我们会把精神全部集中于正在进行的事情上。以这种态度来做事，我们会感到轻松，不再有匆忙、焦虑的情绪，而且能集中全部注意力去全心思考。

自我暗示的五大原则

我们要让潜意识真正地参与到实现目标的努力过程中来。没有积极的潜意识，一切计划和动作都是徒劳。

然而，在这几种潜意识规划的方法中，“暗示”这种方法最为容易助你实现理想。你的意识经过自己的判断和外力正确的引导，可以让潜意识产生极大的创造力。

当你的心智处在自我暗示状态时，由于内心接受外来信息的门完全大开，所以适合来做潜意识的规划。

如先前所叙述，可以经由他人或外在事物的导引，使身心进入到松弛状态。譬如，在自我暗示的状况下，假设有人暗示你，说你现在处于北极，而你可能就会想象自己好像真的身在北极，甚至身体还会感觉到阵阵寒意，不断发抖。

或者，当你坐在戏院时，如果在剧中看到其中的演员穿着厚重的毛衣，由于你看戏时情绪太过投入，整个心情都为剧情所左右。这时，你可能就会感到闷热而不自觉地卷起袖子。

若是一个人受到暗示，想象自己把手伸入冰水桶里，他的手臂很可能就会真的感到麻木。因此，这种受到他人暗示所产生的力量，可以用来引导我们追求目标——因为这种信念会深植在我们的潜意识里；有时你可以自己来激发这种积极意念，或是借助他人的引导，使自己产生具建设性的创造想象力。

在学习自我暗示时，要牢记五大原则：

1. 简洁。你给自己制订的精神标语要简单有力。例如：“我越来越富有。”

2. 积极。这点是极重要的。如果你说：“我不要受穷”，这消极的语言会将“受穷”这观念印在你的潜意识里。因此，你要正面地说：“我越来越富有。”

3. 信念。你的句子要有“可行

性”，令你心理不会产生矛盾与抗拒。如果你觉得“我会在今年之内赚到100万”是不太可能的话，选择一个你能够接受的数目。例如：“我今年之内会赚到5万元。”

4. 观想。默诵或朗诵你自己定下的语句时，你要在脑海里清晰地见到自己变成理想中的那个人，否则你永远不会致富，除非你能够在脑海中见到自己富有的模样。

5. 感情。想到自己健康，你要有浑身是劲的感觉；想到自己创富，你要有丰富人生的感受。当你朗诵或默诵你的语句时，要把感情贯注进去，否则光嘴里念着是不会有结果的，你的潜意识是依靠思想和感受的协调去运作的。

改变你的世界的公式

当然，并不是说想象后就必定能够成功，而要看你如何想象，用多大强度想象，这才是问题的关键。淡漠的希望，作用于心灵深处一定是淡漠的。从心底里引发的反作用也较弱；相反，深度的想象，就会对内心发生巨大作用，结果也可以激发相应的效应。

所以要把想象真正地当做你成功的力量，必须要做深度的想象，同时要清楚地想象，并集结于一件事物，那应该怎样做呢？最好能借助精神标语的伟大力量。精神标语不但能便于想象，还能使想象的内容明了，并当做力量累积下来。

如果不把想象当做一种精神标语，你意识中的东西就不会具有清楚的形态，也不会以力的方式得以累积。并非每个人都面临着十分巨大的困难，然而每个人都存在着若干问题。每个人都能通过暗示让精神标语起作用。一种最有效的形式就是有意记住一句，以便在需要的时候，这句话能从潜意识闪现到思想中。

那么，能够帮助你改变你的世界的公式是什么呢？要记住、理解并在一整天中时常重复着说：人的心理所能设想和相信的东西，人都能用积极的心态去取得它。这是自我暗示的一种形式，是取得成功的一句精神标语。

第八章 “力行”的技术激发你创新的潜能

“力行”的技术可以为你提供帮助和刺激，不仅在整个问题解决的过程中激发你创新的潜能，而且让你在此过程中，体会到创造的乐趣和兴奋。

富有创意的“力行”技术，可以激发你的创新潜能，它是开启创新之门的钥匙。

很多人常常为了得到立即解决问题的安全感，即使有更好的解决方法，也往往会牺牲品质与创新来换取立即的安全感。“力行”的技术，不仅在整个问题的解决过程中激发你创新的潜能，而且在此过程中不会感到沉闷，只能体会到创造的乐趣和兴奋。

很多人需要借助外力以产生大量创新性的构想；有些人可以产生很多构想，但这些构想并不出奇，他们本身也无法将这些构想加以精练而化为行动；另外有些人对错误的问题产生了大量构想，这对原来的问题无济于事。“力行”的过程和方法，对于上述各类型的人，都可以提供帮助和刺激，而且可以视其所牵涉的人和问题，加以部分或整体地运用。

其中心策略与优点是整合出来并立即产生的后果及长期准备、有系统的慎重思考和轻松愉快的思考，成人般的思考和孩童似的想象、结构与自由、判断与批评。“力行”的过程是提供一种结构，而“力行”的技术则在此结构内激发创造力。它们是开启创新之门的钥匙。

富有创意的“力行”技术

在本书前面，我们提到了创造性思考的无穷益处，创新的技巧实在太重要了，可适用于每个人。但是正如同在人类行为的其他领域一样，除了你自己，没有人能向你证明创新思考技术的重要。伽利略曾说："你无法教一个人任何事情，而只能帮助他自己去寻求。"本书只提供给你一些练习和领悟，以刺激你学习，其余的就得靠你自己了。

下面将简要介绍各种创新思考的技术及应用：

1. 界定问题的技术

集中焦点：（1）先问自己，为什么问题会存在。这可能导致对问题有更深入的了解。（2）试着将问题再细分为小问题。

把握要点：对于问题的要点，至少写下 3 项重点描述。将这些描述加以组合，然后再从中选出最具代表性的组合，以此为基础，重新写出一个新的和更妥切有效的描述。

扩展重点：列出问题解决的各种标准和目标，然后将列出的标准和目标加以扩展，再把由此而激发的新构想写下来。

2. 发展许多不同构想的技术

提示思想：征询其他不同背景、知识结构和智慧水平的人对于解决你的问题的意见。善用他们的意见以激发你自己的构想。

列举奇想：列出荒谬可笑的构想。利用它们来引发更合理可行的解决方法。

自由幻想：在"逻辑上与你问题无关的事物"和"你的问题"之间，强迫自己找出两者的共同点，用以激发你的新构想。（1）写下一种物体、图画、植物或动物的名称。（2）详细地列出其特征。（3）利用这些特征激发你对问题解答的新构想。

综合妙想：将已收集的构想加以逻辑的组合，用之以激发新构想。

3. 辨认最佳构想的技术

整合构想：再次检视你的目标和标准，然后凭直觉选择出你认为最好的构想。

强化构想：非常严格地列出构想的缺点，设法把这些缺点加以优化，然后修改构想，以尽量减少缺点。

激励构想：试着夸大你的解决方法可能产生的最好和最坏的后果。修改你的方法，以降低产生坏的后果的几率，而提高产生好的后果的几率。

解决真正的问题才是最重要的

爱因斯坦说过，往往单是精确地陈述问题就远比解决问题重要得多，因为解决问题也许只是些数学方法或实验技巧的运用而已。一位在一家著名的工程公司任职的工程师说，他们的工业设计讲习班，花了全部时间的 1/3 来研讨适当确定问题的技巧。适当确定问题是非常重要的，就如同那句古话所讲的：“好的开始是成功的一半。”

虽然确定问题很重要，但是我们经常却只花几秒钟去了解我们所面对的问题。实际上，再多花几分钟对问题有一个较清楚的认识，可能比花上几小时、几天甚至几年来改正一个不清楚的问题所导致的糟糕结果更值得。

问题界定的阶段是在解决问题的过程中，首次对问题有意识的接触。如果这一步做得很有效，则会引发意识和潜意识做巨大无比的结合，共同朝解决问题的方向努力。潜意识被认为是自然的创新性的问题解决方法中最强大的助力。如果我们能重视问题，而且小心地加以界定，那么潜意识将会被引向解决问题的途径上。

我们做了什么比我们做了多少更重要。解决问题所做的工作量并不重要。是否正确地解决了问题才重要。

例如，一个陷入困境的潜水员，一旦他意识到他面临的问题，他可能用几种方式来叙述它，如：我怎样逃脱困境？我怎样才能进行呼救，以保证我活下去？用什么方法可以让我摆脱困境？通常我们会立即抓住其中一个问题，并集中所有的精力去解决它。

集中心智来解决问题

有时我们会只见树木不见森林、只见森林不见树木或只见树木不见树叶。要看清目标必须恰当地集中注意力。如果我们不知道自己要找什么，也许找到的是别的东西；如果我们不晓得去哪儿，那么也许会到达另一处地方；如果我们不能全神贯注于最值得解决的问题，我们可能解决了一个错误的或没有价值的问题。把注意力集中到错误的问题上，往往使我们又制造出一个新的问题来，而生活中最不幸的事情之一，便是我们自己造出来的问题，那是最难解决的。

我们的心智能力就像阳光在地球表面均匀地洒落一样。利用“集中焦点”的方法，可以帮助我们集中心力于一个问题上，然后就像放大镜的聚焦作用一样，我们的能量也会燃烧起解决之火的。

适当地界定问题往往非常重要，它可以使得答案多多少少地显露出来，或者无须借助意识的努力，潜意识即可浮现答案。“集中焦点”对体能技巧的好处，更是明显。举例来说，打网球或高尔夫球时，集中注意力于球上是胜利的关键。一旦把双眼移开，打球的水准便会急速下降。托斯凯宁尼 80 岁时，他儿子问这位举世闻名的指挥家，一生中最重要的成就是什么？托斯凯宁尼的答案是：“我此刻正在做的事，就是我一生中最重大的事，不管是在指挥交响乐团或剥橘子。”这位著名的指挥家的成功与其他运动员、商人、艺术家、作家和科学家的成功一样，都是能够集中精力做事的结果。

要集中心力，就需要在“做好少数事”和“做很多差劲事”中做一个抉择。

总之，当我们把每一件事都视为重要，结果会变成没有一件是真正重要的。一位著名的作家回忆说：“我喜爱篮球、网球、排球和羽毛球，同时又对机械、科学、心理学、音乐与艺术有浓厚的兴趣。我曾经费尽心力，想在每一方面都出类拔萃，但在度过35年的生命之后，终于明白没有人是全才的。大彻大悟之后，我专心致力于其中一两项。现在我变得轻松愉快而且有成就感。我仍然有广泛的兴趣，也从事多样的活动，但不再尝试变成每一个项目的冠军。”

商业、教育和工业专家，时常会遭遇到许多问题。如果他们试图解决所有问题，那么很可能没有几个问题可以成功解决。就好像一位木匠想同时钉数个钉子，肯定会将其中几个钉弯了。我们要想有效地解决问题，就必须列出所有可能遭遇到的问题，然后将这些问题按照重要性的顺序来加以处理。如果一些次要的问题没有解决，那也是我们解决重要问题所必须做出的牺牲。

问“为什么”的好处

问题的叙述，如果很特定或很狭隘，那么很多可能的答案都会被我们所摒弃。

询问“为什么问题会存在”可以导致较广泛的回答方式，这使我们能更妥当地面对问题。

一个工程督察发现，公路上某个特定的地方经常出现交通堵塞。要解决这个问题首先要寻求这个问题的可能界定，以及有关的可能答案。问“为什么”可得到较广泛的问题陈述，下面的例子说明了这件事情。

原先的问题陈述已包含了问题本身的解决途径，即拓宽高速公路。在工程界中对问题最初的陈述，往往也是最先被设想到的解决方法。

每一个“为什么”都导致对问题的更广泛的陈述，并消除对以前设想的依赖。较广泛的问题的可能解决方法，也包括了所有较狭隘的问题的解决方法。因此，问“为什么”的好处，即是开启了通向更佳解决之道的大门。扩展问题的陈述所可能产生的缺点，是不易把握问题的重点，而把心力浪费在许多无用的解决方法上。我们所需要的是合适的陈述，不要太广泛，也不要太狭隘。

如果你想要更富有，其理由可能包括：增加安全感、权力、影响力，享受人生的乐趣、他人的尊敬、自尊或提早退休等。如果向往财富的主要原因是想提早退休，那么所要解决的真正问题应该是“我要如何才能提早退休？”某些人想早些退休的可能原因包括：早点结束为别人做事的生涯、为了能终日垂钓或为了能到各地旅游等。如果想早些退休的原因，是为了能到各地旅游，那么解决的方法包括：成为一名旅游经纪人、做一位导游或者加入外交工作等。那么你就可以不必成为一个富翁，也不必提早退休了。上面的每个主意，也许都要比有钱之后再去旅行的主意要好，因为你也许永远也不会达到你心中的标准。可见问“为什么”将帮助我们更直接地找到问题的重心，并提供给我们更有用的解决方案。

将问题加以细分

如果想要设计一部新汽车，毫无疑问地，应该将问题加以细分为车体设计、引擎设计、车轮与内部设计。不仅如此，上面各项问题都可以再加以细分，例如车体设计应包括车型设计、承力设计等。类似此种细分，都将有助于设计才华与精力的发挥。

一本书之所以细分为章、节与小标题，其目的在于对特定的某个问题进行论述，做专注的探讨。而且也便于作者的写作和读者的理解、应用与反应。军人喜欢将敌人划分成各个小部分，然后集中主力予以各个击破。正如一句古谚所说：“千里之行，始于足下。”

对于如何加宽高速公路的问题，可以将其加以细分为加宽的幅度大小、路面的种类与施工的方式。室内装潢的问题，可细分为装潢不同房间的问题、壁纸的选用、油漆颜色和镜子的选用、家具的安排布置、维修的难易等。捕鼠器的问题，也可细分为捕鼠器的设计、使用材料、如何安放这个捕鼠器、对老鼠的处置、用饵的选择、设计美观的要求等。

所有的问题都可以细分。可以就功能来加以细分，例如：设陷阱或释放老鼠，装潢卧室或客厅；也可以以时限来细分，例如：最初或最后设计完成的时间。

将问题加以细分，对改进新设计或修正既有设计都极有帮助。例如一本书可因功能划分为书页、装订方式和封面。现在让我们只考虑装订的问题，胶水、螺丝钻、夹子、订书机都是可能使用到的工具。其次再谈到用纸的问题，硬纸板、新闻纸或图画纸都可能派上用场。再考虑封面的问题，硬纸板、纸、绸缎或塑胶封面等都应列为考虑的目标。绝大多数书籍，都可以由上列因素的排列组合而成。

发明家凯特林说过："研究的过程，就是要把问题加以细分，因此可能发现其中很多已知的，而有时间专心去解决那些未知的部分。"将问题分解开来，才能使我们抓住问题的重点。

把握要点，简化陈述

"世界重量级拳王"阿里曾经指出，在他奋力一击之前，往往先使对手的抵抗力松弛，并以轻击来试探对手。高尔夫球选手了解精确地握紧球杆的重要性。如果球杆在手掌和手指间转动时，位置稍有偏差，则球将会飞离目标。

"把握要点"的方法可以帮助我们从一个模糊的和没明确定义的问题中找出重点来，使我们对问题有更简明和完美的描述。也许这种方法对问题的"量"改变不大，但对于解答的"质"的改变却很大。

最明显的往往是被了解最少的。"把握要点"可以帮助我们确定对明显问题的了解，同时也帮助我们对问题做清晰而简短的陈述。就如爱因斯坦所说："每一件事都应该尽可能地简化，但不能比简化更简化。"因此我们需要清除烦闷的心境、错误的强调、不正确的信息。诚如一位大学校长所指出的："有创新的人能够看透复杂情境，而从中分析出简洁的重点来。"

"把握要点法"的要点，在于把原本松散、啰唆或晦涩的问题陈述，转换成能把握问题重心的简明陈述。

确定问题目标的重点陈述之后，可用两行字来代替原来的重点字。然后再从两行字中找出最能代表这一问题重点的字。透过这一新的枢纽字来陈述这一问题，可以使我们对问题有更透彻的了解。例如，"怎样让我们在晚上更容易入睡?""更容易入睡"是这一问题的重点字，一组类似的两行字如下列所示：

深沉的　迅速的　安稳的

容易的　休息　打盹

睡眠　松弛　假寐

查字典可以找相似而可替换的字。如果我们选用了"深沉的睡眠"，这可用下列方式来重述这一问题——"我要如何才能在晚间深沉地睡着?"易于入睡，着重于睡意的引起，而深沉的睡眠强调从睡眠中恢复体力，这才是我们的注意焦点所在。此外可依据本身的需要，选择其余两个字的结合，对于问题有一个更佳的陈述。

现在让我们来考虑“汽车生产线工人生产力要如何提高?”这个问题。增进生产力是这一问题的重点字，列举其类似字如下：

加倍　促进　增进　扩大

增大　活力　效率　生产力

工作负荷　有效

选择的结果，“增进效率”是最能描述问题真义的，那么问题就变成了“要如何增进汽车工人的效率?”字的选择完全取决于个人的经验以及摆在身旁的事实。虽然两行字有多种不同的组合，但是当一群有识之士在做选择时，大多数人的选择可能是一样的。

“把握要点法”并不复杂而且不用耗费太多时间去思考。对问题的陈述也不会改变太大，但正如前面所述，对于问题的解答，“把握要点”法有戏剧化的影响，如导弹的轨道、钢琴音调的变动一样，对于结果都有显著的影响。

扩展重点，超越界限

一个缺乏明确目标的人，永远不会超越此目标。如果我们在靶子外圈再加上一圈，则将会更容易命中。解决问题的长、短目标和标准，也会帮助我们对所要解决的问题下定义。例如我们希望捕鼠器的设计更经济、更富吸引力，耐久且操作简单。这些定义和设计目标将帮助我们排除昂贵、不吸引人、复杂、不耐用、不易操作的设计。上述目标同时提供某种标准，使我们能从各种设计中选取最好的一种。但从另一方面来讲，这些解决问题的标准，可能导致我们排斥不适合先前所定目标的任何构想，进而妨碍新奇和富有创意的构想的产生。

当代著名作家卡夫卡说过：“每个人都生活在自身所携带的栅栏内，这也就是为什么人们写了许多动物故事的原因，那是一种渴求回归自然的原始欲望的表示。对人而言，自然生活才是人类的生活，但我们往往不明了这一点，也不愿去了解。事实上，人类的生存对人类而言是一种负担，因而他们放弃了幻想，在群体庇护下，他们觉得安全。他们列队穿越街道前往工作、进餐和娱乐的场所。结果不再有新奇之事，而仅存惯例、规则和指令。人类由于惧怕自由与责任，而宁愿躲在自筑的监狱里。”

“扩展重点”的方法，能够帮助我们克服不切实际的局限和恐惧，超越不存在的界线，从事广泛的思考。它帮助我们扩大意识层面，思考一些不可思议与不可能的事情，更因此消除了内心的纷扰。一个人有了新的见地，思想就不再死板。

科幻小说能扩展人们的心智以寻求新的科学成就。发明家凯特林就时常扩展自己与身旁诸人的创新思考，原先通用汽车公司要花 17 个工作日，才能把出厂的车子漆好，他向周围的一群研究人员提出了在 1 小时内完成此项工作的建议。这似乎是异想天开的事，没有人认为他的构想可行，有的人甚至嗤之以鼻。但是在几个月之后，他达到了这个目标。

马斯洛指出，有动机有创新意识的人，都具有一些与人格无关的天才。“……只是努力工作和有勇气而已，例如有人大胆而又高傲地自认为是个艺术家，不仅以对待艺术家的态度对待自己，而且别人也以艺术家待他，于是他俨然就成了个艺术家。”“扩展重点”的方法就是要这样大胆地扩大问题和目标的层面。

提示思想法

创新者在他们确定最好的构想之前，一定先收集许多不同的构想。他们不像一般人在找到一个好方法或可行的方法后，马上着手去做，而不再思考其他可能的方法。

如果我们坚持最先想出的构想，那么要使其实现可能是要付出代价的，为了避免盲目采用最初的、不完善的构想，我们必须在选择最好的方法之前，发展出许多不同的构想，以增加成功的机会。这种做法会使我们的思想开阔、考虑得更广泛周到，能将各种构想从不同的角度来观察和比较。

“提示思想”、“列举奇想”、“自由幻想”和“综合妙想”这些激发创新的方法是用来帮助我们发展更多构想的工具。“提示思想法”促使我们从别人那里获得新观念。“自由幻想”和“列举奇想”协助我们打破习惯性的思考方式，而将潜意识的构想引发出来，“综合妙想法”则使我们将现有的构想和新的构想连贯起来。

“提示思想”的方法强调刻意的努力。要刻意地从具有不同生活背景、智力结构和知识水平的人那里去发掘能激发自己构想的提示。这些提示可能来自别人的作品、谈话和产品。从他人那里寻求提示，就好像自己又有了一对眼睛、一些新记忆和经验一样。有时候我们甚至还可以从他人的错误中学习。可见“提示思想”的方法并不同于无意中得到刺激的那种偶然性启发，而是一种刻意地提示新构想的方法。

“提示思想法”不仅能运用他人的才略，而且是得到创新构想的一种既简单又有趣的方法，和他人的每一次讨论或谈话，都是激发构想的好机会，需要好好加以把握。

和那些对于你的问题完全没有经验或知识的人谈话，利用这种谈话来激发你的创新思考，这就是“提示思想”法的要领。例如一个商人可能问他的孩子关于生意冒险上的意见。或者一位教育工作者可以询问装修水管的工人有关教学工作的意见。这些外行人所提供的意见，可能并不清楚或不能直接利用，但是有可能刺激内行人转移思考方向而获得好的创新构想。

提示的构想是被当做刺激物，激起其他的好构想，而非直接拿来评鉴是否予以采纳的。在我们头脑中有哪些构想会被激发出来，大多取决于我们的知识和价值判断。拳击手建议改进铅笔以便容易握住它们，这肯定和其他人的想法不同。在一个机械工心中，可能产生一支铅笔在油滑的手中不会滑掉的构想。

有的公司经常有目的地集合各种不同背景和能力的人在一起，去解决问题。这种集合产生了一种相互激发的效果，使得个人一项简陋的构想成为引发他人良好构想的来源。爱迪生相信，他得到的一些构想是来自于自己本身以外的来源。有一次，有人称赞他的某一构想颇富创意，他否认说：“构想是在空气中。”他如果没有发现，别人也会发现这一构想的。虽然构想是在空气中，但假如我们不开放自己，不从他人、书籍或观察中得到激发，我们就不会得到它。互相激发构想可以使我们打破习惯性的观点，获得新奇的洞察力并且发展出具有创意的概念。威廉·詹姆士说：“天才，实际上只不过是以非习惯性的方法去觉察事物的能力。”

贝尔和格瑞在同一天向美国专利局申请“电话”的专利，最后专利权由贝尔获得，当构想“在空气中”时，不少发明和发现是同时发生的。很多人不知道利用“在空气中”的构想，因为我们只会从他人那里接收问题的完整答案，而不善于利用环境中到处充满的观念和提示。

利用奔放的意念

马斯洛说过，每一个新构想起初看来都有点疯狂，都带有一点愚蠢的性质。因此，我们何不试着故意产生些疯狂、愚蠢、鲁莽的意念，来引发新奇而有用的构想和领悟呢？

成年人创新意念的来临与儿童的游戏很相似，“列举奇想法”帮助我们引出每一个人的嬉戏性，并转化为实际的结果，因为嬉戏中形成的奇特怪异的想法引起了心理联想和刺激，常常能使问题得到新奇而别出心裁的解答。把一块旧的积木当做帽子用是可笑而又奇怪的想法，但如果我们肯尝试，这个想法可能会变成相当好而又合理的构想，例如用积木造出一个奇特的帽架。

虽然嬉戏和暂时的愚蠢并不容易，但应看到这却是产生新创意的关键。无论多么疯狂或愚蠢的想法，只要你心中想到的，就把它们说出来或写下来，这是产生创见的方法之一。脑力激荡术鼓励怪异奇特且愚蠢的想法，因为它们常常能被改变成或转化成实际和有用的构想。

有人可能觉得“列举奇想法”必然会引起非难，而且有失面子。如果可笑的奇想不能变成可行的构想，的确可能受到攻击，但是我们必须不断地告诫自己，许多伟大的构想刚开始常受到嘲讽和批评，然而许多可笑的构想可能实际上是很好的构想。汽艇即为一例，它最初被称为“富尔顿的蠢事”。下面的这则例子在旁人看来也许是可笑而又荒唐的。

有一个人在池塘挖藕，用耙子大小的工具沿着池底挖，在挖藕过程中这个人放了一个响屁。旁边的人半开玩笑地说：“你这种响屁朝池底放上两三个，那藕恐怕也要被吓得蹦出来了”。不料身旁的另一个人听到此话却在脑中闪现出一个想法：用导管把压缩空气输送到池底再喷放出来会怎样呢？或许能把藕挖出吧。

于是进行实验，结果失败，只冒气泡而不出藕。“需要更强的力量”，他想。接着使用管道对水加压，结果大大成功，彻底地把藕挖出来了。这种做法不但用不着担心被耙子伤及皮肉，而且挖出来的藕也被洗得干干净净，从此，这个方法被当做挖藕技术得以普及。

“列举奇想法”是很有趣的。记住！成人创新力的来源类似儿童的游戏。先以儿童方式，得出荒诞可笑的想法，再回复到成人的方式，将游戏的想法转化成令人惊讶的好主意。请你尝试一下！你会惊讶于自己发展出来的好构想和新领悟。

自由幻想的魔力

莱昂尼德曾说过：“我无法不提起一项值得研究的图案，虽然它可能看似琐碎，而且几乎是可笑的，但它对于激发心智、从事各种发明十分有用。这就是当你注视墙上污染的斑点时，你可能发现它像是各种风景，如高山、河流、岩石、树木一样点缀得十分美丽。或许你会看到正在战斗的人物，或看到奇怪的脸孔和服装，或者是许许多多形状看起来很完整的东西。这些都混淆地出现在墙上，就好像在一阵刺耳的铃声中，你能听到你所想象的任何一个名字或单词。”

表面上看来，墙上的污点与美丽的高山、河流、小溪等毫不相关，然而如果我们能培养出创新的想象力，就能在任何两个事物之间发现相似性，并且由此过程来刺激创新的发展。一片树叶和一把小刀之间有什么相似性？我们能从树叶中得到什么概念来设计新型小刀？叶是绿色的，有茎、能防水，且会生长。由叶是绿色的，可使我们想到去设计有颜色的小刀；由叶的茎，引发我们设计出刀架、挂钩或皮带，把它附着或固定在厨房；叶能防水的特性，使我们在刀面上漆上涂料来防水；又由于树叶能生长，使我们产生设计可伸缩和折叠小刀的构想。

要从两样东西之间想象出其相似性来，我们就必须强迫建立起它们之间的关系，换句话说，强迫并故意将看似无关的两个东西的属性联结起来，就如强迫树叶类似于小刀一样。

强迫使油炸圈饼类似于一只鞋子。油炸圈饼是圆的，大部分鞋子的边缘也是圆的；油炸圈饼有一个贯穿的洞，有些鞋子的表面也有让脚通风的洞；油炸圈饼内含有气泡，有些鞋子为了舒适，也会设计出一种似泡绵的通风鞋底。

做一个深思熟虑并富有创意的问题解决者，我们就不能只在无关的事物之间强迫建立关系，也必须强调导致创新解答的新颖关系。创新思考就是能够利用对事物的观察而产生新的构想，激发新构想的“自由幻想法”，使我们能够刻意地观察某些事物，并且想象出它与别的事物之间的相似之处，这种过程常能引发新的领悟和构想。

使用“自由幻想法”时，可以遵照下列步骤：

1. 随便选一个物体、图画、植物或动物。选的东西与问题越不相关，就越有机会刺激出有创意的构想和新颖的领悟。

2. 详细地列出所选定的物体的特性。必须完成这个步骤，才可以继续下一个步骤。

3. 在物体的特性与问题之间，强迫找出相似性来，以此激发出新颖构想和领悟。

啄木鸟和橄榄球运动员的相似点在哪里？两者的头部都时常承受很厉害的冲击。研究者观察啄木鸟的头部结构，发现里面有细密的海绵状骨头，紧紧地包围着一个小的脑部，而脑部的液体很少，不会传送震波，而且周围有防震的肌肉围绕着。研究者的结论是，橄榄球运动员头盔的设计能够根据同样的原理加以改进，使用一种较轻和较厚的泡沫塑胶衬垫，外壳则可使用薄而坚硬的材料以防止磨损，因此新设计的头盔既坚固又有弹性。

创新力是伴随着相似性联想的能力而来的，这些研究者在观察啄木鸟的头的时候，看到了橄榄球运动员的头盔，这就是运用“自由幻想法”的成功例子。

综合妙想

我们需要超越一般常识，由大胆的异乎寻常的结合而产生出崭新想法。多数人认为创新是简单的事情，只不过是综合现有元素或特性而产生新的组合。事实上创新的思考能力可视为是综合构想而形成的一种新组合的能力，而且这种新组合的整体大于其部分的和。

有一位数学家曾经描述其创作的经过如下：“有 15 天之久，我努力要证明没有某种关联的函数。我每天独自坐在工作桌旁一两个小时，尝试了很多组合但没有结果。有天晚上，我一改平日习惯，喝了浓咖啡而无法入睡，结果念头如同泉涌。我感觉到这些碰撞直到彼此成对连接，形成一个稳定的组合。第二天早晨，我证明了这种函数的存在，它是从超几何数列而来，我花了几小时就把结果写出来了。”

贸易是将工业、商业和行销综合，画家组合了颜色和形状，音乐家将音乐和声音强度组合，化学家和物理学家则组合各种元素。“综合妙想法”是一种慎重而系统的创新方法，用来将各种念头做逻辑的和偶然的组合，以产生新的观点和新的洞察。

组合能引导出新奇而有用的构想，这是创新思考产生的主要途径。办公室的桌子和灯可能合理地组合而引发出不同的构想。例如：一个台灯，一个书桌形状的装饰用灯座，一个装在书桌抽屉里的灯。办公室内的桌子和椅子可能组合而刺激出新构想，如一个连着写字台的椅子，或是一张连着摇椅的桌子。

除了逻辑的组合外，不相关事物的随意和偶发的组合，通常能够借助想象力转成新的构想，这正如前面提到的啄木鸟与橄榄球队员头盔的那个例子。你可以任意组合办公室内的各种东西，作为刺激创新的一种方法。

“综合妙想法”的主要目的是提供一些新鲜的洞察力，以解决特殊的问题。应用此法去解决一个问题时，首先要尽可能列出这个问题的可能解决方法，然后逻辑地随意地组合两个或两个以上的构想，以刺激新的创新思考。

只有几项组合可能不会产生新的构想。但是如果组合的数目很多，就有可能产生新的构想，就数学而言，两个构想的可能组合是1，3个构想的组合可能是3，4个构想的组合是5，5个构想的组合是10。由此可见，组合5个构想，可得到另外10个构想，这是相当大的一种组合。

想想下面这个问题："我要以什么方式才能与他人相处得更好？"可能的方法包括对人友善、表现对他们的兴趣，帮助他们及称赞他们。对人友善与表现对他们的兴趣的组合，可提示我们去参加一项彼此都感兴趣的活动。称赞和帮助他们的组合，提示你去称赞他们或对他们的老板、配偶、父母说些好话，将可以使你的朋友感到受了你的帮助。

辨认出最佳构想

哪一种车子最吸引人？哪一种食物最好吃？哪一种方法最能促进与朋友的交往？哪一栋房子最舒适？这些都是富有创意的问题，但却没有一个最正确的答案，甚至连最好的解答也往往因人而异，有的人喜欢老式福特车，有的人看上了野马型车，还有的人却喜欢日本的丰田车。

要解决具有创意的问题，首先必须仔细地界定问题，发展出解决的可能构想，然后再从这些可能构想中辨认出最佳的一个，作为问题的解答。构想越多，就越能够得到最好的构想，然而它也同样产生了如何才能选出最佳构想的困难。

"统整构想"是一种具有创新性的方法，可改善人们用以选择构想的自然方法。"强化构想"是对选出的构想加以修改与强化，以增加其价值和适用性，其过程是首先严厉地挑出所选择的构想，然后经过修改，使其更周密。"实施构想"也是一种创新的方法，其功能在于更进一步地修正和改善构想，同时也留意实施的构想可能产生的后果。此举有助于将不良后果减至最低程度，同时使良好后果增加到最大。"实施构想"法实际上就是决定是否将构想化为行动的方法。

选择构想的标准

标准是我们用来决定哪一个构想是最好的一项准则，它所包含的意义、系统、审慎的要素，有助于集中我们意识和潜意识的选择能力。

根据问题的需要而定的目标，就是选择最佳解决方法的标准，如果我们要设计一种捕鼠器，那么就要以成本低廉、使用简单、修理容易、美观而简便为设计的目标。这种标准就可以作为选择不同形式设计的标准。

不同类型的问题，应该有不同

的标准。衡量有关发明的构想的标准包括：制造费用、发展费用、维护费用、设计的简单和美观。而对于解决个人问题的方法，其选择标准可以是：费用、实现的难易程度、对他人的正向和负向影响、所需的努力、成功的机会和失败的可能后果。

不同的人以不同的标准来选择问题的解决方法，一个小孩可能选择颜色鲜艳的糖果，而大人则可能选择适合口味的糖果。某人可能选择兴奋的、而且充满人群的地方去度假，但其他人则可能选择远离人群、安静而遥远的山区。

标准并不是选择最佳构想的唯一基础，但是它协助我们的意识和潜意识去选择构想。例如某人详尽地列出他要购买新车的标准，包括车的外观、经济、舒适、大的车后行李箱、小型车和高的再售价值。找了几天后，终于找到一辆符合这些标准的车子。但是他并不喜欢这辆车。相反，他最后所选购的是一辆昂贵的跑车。没有别的理由，只因为喜欢而已。往往我们意识中的标准反映出我们“认为是我们所需要的”，或“我们想别人认为我们应该要的”，而不是我们内心真正想要的这一事实。

构想评量法

要选择最佳构想，得先衡量解决问题的标准，然后将认为是无聊和荒谬的构想删除，而把相似者集合在一起，我们后面所讨论评量构想的方法，是一种相当完整而深入的方法，可用以选择最佳构想。

试想下面的问题，“有什么办法可以结交更多的朋友?”可能的解答包括：参加俱乐部、请人回家吃晚饭、注重服装、培养嗜好、要求别人做朋友、举行很多宴会、请人上馆子、在慈善会上积极表现、参与团体活动、要求现有朋友将自己介绍给新朋友、成名、在报纸上征友、每隔数年搬家和结交新朋友、帮助他人。上面所列的并不是所有的可能解答，但具有相当的创意，因为它代表了很多不同的构想，有助于我们加以选择。

选择最佳构想时，必须把觉得无聊、荒谬和不易达成的构想加以排除，例如：要求别人做朋友、与有很多朋友的人结婚、发展更好的人格、成名、报纸征友、每隔数年搬家。其次将相似的构想合并，例如：参加俱乐部、在慈善会上积极表现、参与团体活动、选修大学课程、参加海上旅行等，都是和“参与”有关的构想。而注重服饰、培养嗜好、恭维别人、对别人表示兴趣、表现更好的态度和有助于人等都是与“改变自己”有关的构想。第三类是与“主动或直接结识朋友”有关的：邀请别人回家共进晚餐、举行很多宴会、请人上馆子、请现有朋友将你介绍给新朋友。所有这些构想都提供了对问题的可能解答，也取决于个人独特的人格、目标和需要。然而，我们要选择最佳的，也是我们最希望首先去尝试的一个方法。

在最后做选择的过程中，我们可能用来考虑的标准包括：结交的朋友必须能维持长期的深交，结交时所花的费用和心思是最少量的，而且这位未来的朋友不会察觉到我想结交新友的意图。在检视这些标准之后，对我而言，最佳的选择是邀请他回家吃顿晚饭，或许你的选择会是不一样的。另外，你可以应用“构想评量”的方法。

“构想评量法”可用来从你已经挑选和归类过的构想中找出最佳构想。其程序如下：首先按照所定的标准一一评量每个构想，然后将每一构想的总分求出，借此以协助在最后的直觉选择之前，增进更多意识上的领悟。评量的方式，1 分代表“好”，2 分代表“中等”，3 分代表“差”。将构想列于横行，标准列于纵行来逐项评量。

前面所讨论的如何结交新友的问题，可以应用构想评量法来加以研究。首先，选出最好的 3 个或 4 个构想，如邀人回家共进晚餐、参加运动俱乐部和衣着讲究。然后针对每项标准，将每一个构想加以 1 至 3 分的评量。

构想评量的方法，并不能保证最佳构想得到最低分（最好）的评量。依照你自己所选择的总分评量，最后的结论是“我应该参加运动俱乐部”。你可能还一直觉得“邀人共进晚餐”是最佳的解决方法呢！那么，就相信你的感觉。首先试试邀人共进晚餐，因为这可能是正确的做法。

把柠檬变成柠檬汁

人类的心智有逃避自我批评和他人批评的倾向，而“强化构想”的方法就是用来帮助我们避免这种倾向的发生。要强化构想，首先要清晰地辨认出构想的缺点，然后试着在别人也辨认出之前，将缺点转变为优点。这种过程，事实上就像使柠檬变成柠檬汁的过程，你可以从他人的批评中学到新东西。强化构想的最后步骤是依照别人合理的批评来修改构想。不但要修改弱点，而且要强化优点，使构想更为有力。

使构想的弱点优化，往往是非

常有用的。有人问一个表演在机翼上行走的特技人员，他如何在机翼上克服最大的敌人——风，他的回答是他使风为他所用。当他在机翼上调整站立位置，使风势帮助他停在机翼上，而不被吹落，他是将柠檬（风）变成了柠檬汁。

如果我们决定在屋旁种一棵树，可能会有如下的批评：树叶会掉在整个屋顶上和庭院里，树需要不断地修剪，它会掩蔽房子的视野，也会阻挡室内的光线。要强化概念的话，首先要将这些批评正向化：落叶使我们感觉到自然的季节变化，经常的修剪提供了良好的室外运动，掩蔽房子的视野将有助于保持私人的隐秘，阻挡室内光线使室内更为凉快。

如果将弱点优化的结果，尚不足以令人满意，我们可以把构想做如下的强化，以减少批评：要避免落叶，则可种植常青树；要减少必要的修剪，则种植生长较慢的树；想保持房子的视野，则将树种植于房子的角落；如果想使室内明亮些，则种植叶子稀少的树，或将树种在远离窗户的地方。

有一句著名谚语说："如果你不能为所得而感谢，那么就为无所得而感谢吧！"这种正向思考可能导致有益的结果，然而这种有益的结果是不会长久的。如果我们为恶劣的情势所困，如断腿或爆胎，积极的思考有助于我们保持乐观，以及减轻心理负担。正如另一句古谚所说的："乐观主义——一种愉悦的心境，可使烧开的茶壶歌唱。"然而如果积极的思考使人们不去改变恶劣的情况，积极思考也不会有多大益处。

我们不必因为批评而马上修改或放弃自己的想法，而应该试着去认识批评的积极面。也许我们真能够欣赏落叶，将它视之为季节变化的信息，或者尝试去看清其真面目而将自己的想法加以修改，在这种情况下，改种常青树就是强化了自己的想法。

别因为你的构想具有某些正向特性，就以为那是一个好构想。有一首流行歌曲的歌词这样写道："每件事以它本身的观点来看，都是美的。"不要以自己的构想为是，要静候别人的批评，有时候自己也可以扮演批评者的角色，严格地挑剔构想的弱点，然后将这些弱点优化并加以修改，使构想更为宝贵。

应用强化构想的方法需要攻击自己的构想，从别人丰富的经验和知识中，观看自己的构想。心理学家经常利用角色扮演，作为通过他人之眼来观察的方法，角色扮演就是你来扮演别人的角色。

我们每个人都有自己的疑虑，都有一本难念的经，也都有勇气继续前进。有勇气相信自己的构想，而且又能承认和面对其疑虑的人，和那些不对合理的批评有所反应的人相比，显然是比较开放而且具有弹性，较富有创新性，而且成功的机会也大。

一旦有了解决的方法，常会急切地想把它付诸实行，而忽略了这个解决方法可能并不完整，可能太昂贵或太复杂。“强化构想”的方法，可用以防止我们立即从事没有成熟的构想的倾向，使我们警觉到构想中的优点和缺点，并且对构想增进了解，甚至修改构想，使其更臻完善。

强化构想的结果，既强化了构想，也强化了设计者本人，使设计者对其构想能存在于现实世界的信心加强了。

鼓起勇气，激励构想

莎士比亚曾说：“疑虑是我们的叛徒。由于畏惧尝试，而使我们失去往往可以获得的益处。”我们常常有解决问题的好构想，但因为缺乏勇气和冲劲将它付诸实现，致使其胎死腹中。更糟糕的是我们让它徘徊心中，导致心理上的迷惑、混乱。“激励构想”是一种技术，可以增强人们实现构想的冲劲，或者当实现构想太危险或不值得花费时间和精力时，抛弃构想以澄清心境。基本上，当问题解决的过程进行到这个阶段时，必须决定是要进行下去还是放弃。“激励构想”的方法可使人们变得更为果敢，因此会投下最大的努力去实施构想，或做放弃的决定。

在大部分的运动项目中，完成动作的重要，深为运动员们所知晓。例如高尔夫球和网球，完成动作(击中球后的连续动作)是成为好选手所必备的，这需要练习、精力和果决来达成。“激励构想”的方法有助于发展我们实现构想的能力，以达到成功，而且使我们成为更有效的创新思考者。

在选择构想的过程中，各种构想的优劣点经过比较而从中选出一种加以实施。“激励构想”最主要的方法是夸大实行构想所能产生的最好和最坏的结果。然后，假如必要的话，修改构想以减低其最坏结果，增高其最好结果。事实上，“激励构想”的目的在于帮助人们检验和修改其构想，使构想有最大的成功可能。

一位职业网球选手提供了一个“激励构想”的好例子。“在赛完一场网球之后，我马上想到下一场比赛的对手，他是北加州一位名声颇高的选手，我知道他比我更有比赛经验，而且技术也更好。当然我不能以打第一回合的方式来打，否则将会溃不成军。”

“但是我的情况不容乐观——膝盖仍然有点小伤，注意力也不能集中，而且相当紧张。最后我坐下来静思，试试能否使自己安定下来。首先我问自己：‘可能发生的最恶劣的结果是什么？’答案很简单：‘我可能以两局6:0输掉。’‘如果真是这样，你怎么办？’‘我就会被淘汰掉，收拾行李回家去。别人问我打得如何，我会回答说输了第二场球。’他们可能说：‘你的对手蛮强的，比分是多少呢？’我只好承认两局都拿了鸭蛋。我又问自己：‘然后又会怎么样呢？’我回答自己：‘虽然是被击败了，但很快地我又会恢复正常，打得很好的。’”

“我已经试着非常坦白地承认最恶劣的结果了，虽然那样不好，但还不至于不能忍受，更没有理由使自己烦恼。然后我又自问：‘最理想的结果会是什么呢？’同样的，答案也很明显，我会以两局6:0获胜。”

第二场球的比分，比预料中的最坏结果要好，这使他大为振奋，也使他感到放松，而且更有精力继续下一场比赛。

精力由于活跃而产生。一个人的精力越使用越充沛，所以应该多多运用自己的精力，马上决定去实施构想，或收起心思来去做别的事。解决问题时所可能发生的最糟糕的现象，就是什么都不做，也就是说既没有决定要实行构想，也没有决定要放弃构想去做别的事。

“激励构想”的步骤如下：

1. 列出实行构想的最好和最坏结果。

2. 修改构想，以减轻最坏结果和增加最好结果。

3. 决定是否要尽你的精力和时间去实行构想。

如果你因过于谨慎而从不试着去实行任何构想，那么好事或坏事都不会发生在你头上。但是，要记住，外表聪明的人经常费力去脱离困境，而有效的创新思考者却根本不会陷入那种困境。不要像很多只把生命花费在降低损失而不增加获得的人一样，要好好利用“激励构想”的方法，使你有足够的精力去从事一些有价值的创新思考活动。

第九章 思与行——化构想为行动

没有智慧的行动是疯狂的一种形式，而没有行动的智慧是世界上最大的愚蠢。

实行一个中等的构思，远比空想一个上等的构想高明。“力行”的方法强调的是行动，成功并非百分之百的思考，还要有百分之百的行动。

发明家凯特林说过：“没有智慧的行动是疯狂的一种形式，而没有行动的智慧是世界上最大的愚蠢。”创新的过程是以一个好的问题解答作为开始，而不是以此作为结束。对问题的解答，通常需要人们尽量使用他们的创新力。

斯坦福大学教授约翰·阿罗德写道：“只有很少数的构想是切合实际的。构想的失败，并非由于获得构想的方法不当，而是由于在应用时缺乏活泼的想象力。创新的过程，不是以产生一个构想为结束，而是以产生一个构想为开始。”爱迪生也曾说：“天才是百分之一的灵感加上百分之九十九的努力。”人们常常有灵感似的构想，但大部分有创新力的天才都消失无踪了，因为他们富有创新的构想像落叶离枝般地腐烂了。或许“创新力是百分之一的思考加上百分之九十九的实行”这条真理并没有被切实了解吧！

成功靠行动胜过于靠思考

世界发明家研讨会主席富勒先生曾说过：“得到一个好的发明构想就像怀孕一样的容易，而实行构想却像生下孩子并进行适当教养一样的困难。”很多研究报告也已经指出，至少对于智力程度在天才以下的人来说，成功靠行动胜过于靠思考。换句话说，成功有赖于如何将思考化为行动。

实行一个中等的构想，远比空想一个上等的构想高明。人们时常只会幻想有一天获得十全十美的构想，然后才心甘情愿地去实行，将构想永久囤积在心理的仓库中是一种逃避行为，而且会妨碍更有创造力的想法进入心理仓库。

“力行”的方法强调的是行动，当我们想到要做某件事时，我们往往感到有点像那些真正付诸实行的人一样的成功。我们常听到这样的话：“如果我买了某公司一股 30 元的股票，我现在就变成富人了。”或者是“在此新发明上市前一年，我已经想过同样的构想了。”或者“如果我曾经决定当篮球队员，我现在已经是篮球明星了。”诸如此类的话，我们可能都曾想过、说过，但事与愿违，成功并非百分之九十九的思考加上百分之一的行动，一个成功者必须具有创新性的行动。

如果某人告诉你，他有写一本伟大著作的想法，但始终没有动手开始，而另外一个人也有同样的想法并动手去写了，那么你说哪一个是有创意的人呢？很显然是后者，而前者只能算是有创意的说者，并不是有创意的作者。

出人头地的人常常不是那些有伟大的构想和潜能的人，而是以他们的构想和潜能在做事的人，这种人试验他们的构想，而且主动地利用他们的潜能。反观失败者，他们往往是行动的观察者，而不是实际的行动者。

曾在公司或机关做过事的人，都深知成事之难，更不用谈去做某些富有创意的事情了。由于没有人主动地去将言语或思想化做行动，新奇伟大的构想往往在公司中被束之高阁，然而对一个公司而言，创新性的行动常常比创新性的构想更重要。

一旦有了构想，就应该脚踏实地去做。种子变成花朵，毛虫变成蝴蝶，蝌蚪变成青蛙，这是大自然的景象。而人们要周详地将构想化为行动，需要有持续的勇气和毅力及变通灵活性，也就是需要一种真正富有创意的努力。

美国海军陆战队有一句格言说：“采取行动——即使是错的！”如果你被困在散兵坑，试着去做做事，攻击也好，撤退也可，或者把坑掘得更深也罢，千万别坐在那里去等候命运的裁决。当你有了构想，放手去做，不管是对还是错，除非你觉得构想不佳而想放弃，否则开始将构想付诸行动吧！

采取积极的态度

哥伦布花了 14 年的光阴才实现他计划中的航行；复印机早在发明人找到经济上的资助之前 4 年就被发明了；当贝尔一开始要出售他所

发明的电话时，曾因为有人认为不需要而不加理会；盘尼西林的原始配方早在1929年就已经有了，但是过了好几年，仍然没有被继续研究。可见要把构想转变为行动是需要相当的毅力的。

当织梭发明时，它被认为将对纺织工人造成威胁，因此纺织工聚众罢工，甚至破坏了织梭模型。1844年，豪勒斯·威尔士替别人拔牙时第一次使用了“笑气”，这在当时竟被同行讥为骗子，这情形正如同爱迪生所说的：“社会永远没有准备去接受任何新的发明，每样东西都会遭到抵制，通常要花上几年时间才能使人们听取发明家的话，还要再等上几年才能将发明的东西正式上市。”

威廉·奥斯勒曾说过：“在科学上，功劳归之于能说服世人的人，而不是产生构想的人。”除了上面提到的一些曾有伟大构想的人外，其他很多人也都有伟大的构想，但功劳归于那些能把这些构想付诸实行的人。

要变构想为行动，必须克服别人所带来的和你自己所加上的障碍，保持一种积极的态度和愿意修改构想的勇气，并且要持续努力到构想实行完成的时候。

思考是行动的种子，将构想转化成行动，需要具备毅力和努力。诚如耶稣所言：“灵魂是强劲的，但肉体是脆弱的。”人们常常为了新构想而兴奋，但面对实行构想所必须经历的困难和别人的抵制，就很容易丧气。

创意与行动结合

即使获得卓越的创意也远远不能成功，因为获得创意只占整个解决问题过程的10%，而其余90%则是对创意的实行，及立即对创意进行加工的过程。

在这个世界上，具备了只要有进取心、耐心及毅力必能成功的认知，但最后因缺乏这些要件抱憾而终的人不知有多少。

完全相反的人也有，创意诞生后是生是死取决于产生创意者的态度及他们能把创意发挥至何种程度。这里，我们来讲一个故事。

二次世界大战之前，罗杰是一名推销经理，其妻桃乐丝是一名时装模特儿。二战时，罗杰应征入伍服役，在战役中受伤，入海军医院疗养了一阵子。在疗养期间，他从事皮革加工以打发时间。罗杰和桃乐丝，无论哪一个人，做梦都没想到加工皮革这种消遣竟然决定了他们今后一生的命运。

二次大战结束后，罗杰返乡恢复平民生活。某一天晚上，桃乐丝的一位女朋友到他们家做客（当时他们住在纽约）。茶余饭后，大家闲谈了一阵子，这位女士得意地向他们展示她新买的手提包说道：“这玩意花了我 80 美金。”罗杰听完之后，便把那只皮包拿过来，翻来覆去看了一遍之后说：“太贵了！这种货色我用 15 美金就可以帮你做出来。”第二天，为证明自己不是吹牛，罗杰马上出门去买了一套工具和上等牛皮。一回到家，便立刻开始剪裁、缝制，没多久，手提包就完成了。其手工之精致，令桃乐丝看后爱不释手！

罗杰看太太高兴，自己也很高兴。在高兴之余，他脑中灵光一闪，想到既然自己具备技术方面的知识，又有推销经验，桃乐丝在时装界又有许多熟人，自己何不朝皮革制造业发展呢！于是他把自己的想法与桃乐丝商量，桃乐丝也觉得这是个好主意，因此二人决定联手展开行动。

刚开始时，他们在自己只有 3 个房间的公寓中制造样品（为拿去给买主看的），由桃乐丝设计，罗杰负责制作，二人一同工作忙得不亦乐乎！但他们都知道还有一个最大的问题尚未解决——那就是该如何获得订单，若无订单，创意再好也是枉然。

罗杰将样品夹在腋下，不辞劳苦地一家一家走访纽约的大商店，但由于他们年纪太轻，名气又不大，所以不断遭到拒绝。但罗杰并不气馁，他总是替自己打气，鼓励自己继续尝试别的机会。终于，他遇见纽约第五街著名商店 Socks 的供应商。这位供应商一看到罗杰带来的样品便十分欣赏，他表示罗杰能做多少，他就愿意购买多少。

从此以后，罗杰夫妇小小的公寓房间里每晚都大放光明。他们夫妻俩为了应付订单，夜以继日地工作着，皮革与工具散放得满地都是，两名孩童穿梭其间玩耍，此时，罗杰的家已经变成生产提包的工厂了。那段日子他们的确过得十分艰辛，夫妇俩不但要维持家计，还要照顾两名幼子，异常劳累。直至今日，在他们当时居住寓所的地板上，仍然留着他们辛勤工作的痕迹。

两三个月转眼就过去了，他们不断收到全国各地的订单。罗杰租下一个小阁楼，然后和太太二人继续在那儿努力工作。但尽管他们已如此努力，距离摆脱赤字仍很遥远。于是，为了补贴家用，第二年，桃乐丝又重返模特儿公司工作。

后来，由于某种创意，他们一跃成为同行业中的翘楚。原来桃乐丝设计出一种小孩用的沙袋型手提袋，她的创意被送到《Look》这个全国性杂志的编辑部。一位编辑对她的创意非常感兴趣，并且还以此为主题写了一篇专题报道，也附带介绍了一下罗杰与桃乐丝的奋斗史。就是因为这篇刊登在全国性杂志上的文章，他们一夜之间名声大噪，产品在极短的时间里便卖出了100万个。此后，他们便踏上了平坦大道，Van. S所制的商品从此闻名全国。

今天，Van. S已成长为大企业，所制产品无人不知，无人不晓。由于产品畅销，罗杰与桃乐丝首次获得100万美金盈利，那一年，他们才30岁出头。

就这样，在海军医院疗养期间所获得的某种创意终于发展成一桩大事业，而他们二人的积极、智慧及高度耐力还会继续使事业蓬勃发展下去。

别让自己成为前进的障碍

任何一种创新努力都会因别人的抗拒而遇到挫折，但是有一些挫折和对失败的恐惧，却常常始于自己，并成为应用创新构想的最大障碍。

人们经常将自己的挫折归因于缺乏反应的大众、无创新的环境、小心眼的老板、头脑简单的商人、缺乏经济上的支援等，这些因素可能是真实的，是导致挫折的原因。但事实上，具有创新力的人都同样遭遇过这些障碍，但是他们中的大多数能够不在乎这些因素而继续坚持下去。

有了创新构想并将它告诉别人时，我们必须冒着可能失去它的危险。如果我们送一个剧本给制片人，或送一本书的纲要给出版社，他们可能会窃取其中的构想；当我们把一个可能获得专利的构想让律师过目，律师也可能窃取其中的构想；当我们把一个节省公司资财的构想告诉老板，老板也可能窃取其中的构想。

有一位办理专利事务的律师说，有些人来找他，背后拿着一个装满文件的纸袋，请求他的建议，但是拒绝说出他们的构想，因为怕构想被偷走。这种担心是合理的，因为有些人确实曾偷取别人的构想。但是，如果我们不肯相信某些人，那么就不可能把构想转为行动。所以应该先了解专利代理律师的声誉，将你的构想、文件或纲要等加盖日期，而且在让专利代理律师过目之前，先请别人作证。千万别为了怕别人偷去你的构想而犹豫不决，或在这节骨眼上放弃了。

人们常常因为不愿和别人分享赞美和利益，以至于在朝向圆满的过程中停了下来。没有人会在没有充分分享名誉和利益之下，在经济上支援一项发明。老板常会因为雇员的构想而分享到赞美，因为社会上认为，领导者或老板的英明睿智是他底下雇员的创新力得以实现的一个重要因素。如果你拒绝与别人分享你的构想所带来的利益，导致构想永远不被应用，你就会失掉所有可能的利益。

著名心理学家马斯洛有一次在准备从事一项新计划时，很多热心的人士、说好听话的人，以及设计家都志愿来帮忙。马斯洛想试试这些人是否愿意辛勤劳动，因此他拿了一些沉闷但是有价值的工作要他们做，结果 20 个人中有 19 个人没有通过这一项试验。

很多影星、发明家和艺术家常被称为一夜成名，人们忽略了成功者多年来的失败和坚持不懈的精神。很多人没有觉察到，也没有时间或资金在变构想为行动的过程中坚持下去。常常是在需要坚持之前，因为疲乏和沮丧而放弃了，这是很自然的事。但是真正具有创新力的人并不永久地放弃，他可能暂时脱离工作，但是如果他深信自己的构想，终究会坚持下去，而把构想完成的。

海明威曾说：“当一个解决方法出现了，你最好准备为它奋斗到头破血流为止。”人们常常因为不愿意用尽心力去奋斗和面对失败与打击，在奋斗之前就放弃了。

挫折与焦虑常伴随在创新的过程中。构想是否能真正生效？别人是否会不断打击它？我是否有力量将它完成？别人会怎样说我？富有创新力的人知道挫折和焦虑的可能性，有勇气坚持他的构想直到成功为止，他们坚忍的毅力归因于对创新的过程的态度和对自我概念的认知。

人类可以借助改变他们的态度，来改变其生活。如果我们认为自己可以成功，那么无论什么样的障碍都可以克服，我们也能够坚持下去。林肯说过：“永远都要记住，成功的决心比其他任何事情都重要。”

别让创意被否定的思想扼杀

创造思考的能力是我们每个人都具备的一种天赋。只要多用脑筋，你就可以获得对公司、事业，乃至于自己的生活有所助益的创意，而基本上你只要具备观察力与敏感性就能获得它。

奇怪的是，常有人认为自己“不可能”有创意。这可能是他们的创造力尚未被开发的缘故。这些人事实上头脑中还是有相当机敏的意识的，但因为他们一遇到困难便产生放弃的念头，以致创意皆遭封杀。

那么，到底什么是创意的障碍呢？所谓障碍其实就是“看来好像会不顺利”的你自己的心声。这种声音一直在头脑里回旋，你便会老是想着为什么事情不顺利，越想不透就越想，不知不觉中，已经浪费了不少时间。现在你应该做的是马上停止这种无用的胡思乱想，有效地利用时间，积极找出创意来源，并加以开发。一遇障碍就退却的人，永远得不到成功。

独特创意的产生并不是资质优异的人或职业专家的专利，只要抱以积极的态度，每个人都可以做到。反之，你若常保持着悲观态度，创意便会招致扼杀。

再多一点创意

许多成功人士的成功秘诀就是——再多一点创意。如果你能认识到这一点，又能切实为之，相信你也一定可以像他们一样成功。

其实，当你将自己十分满意的建议呈递到上司的办公桌上，不幸被驳回时，你不必伤心，更不该气馁！如果你认为自己的建议绝对能为公司带来利益，则不妨将它重新包装，等过一段时间后再提出。有创意又有耐心的人，一定是最后的胜利者。

大的工业机构通常设有研究与发展部门，它们基本上研究如何产生构想，并借助试验和修改构想使之具体化。

很多构想在开始时只是内心的一个想法而已，一旦构想开始形成，就必须经过修改、补充或简化，以助其渐趋完善。构想必须要有一个特定的目的，以避免在实施时可能遇到的障碍。也许一项新产品必须要制作得更可靠、更吸引人、更持久、更容易修理、更有效率，也许这项新产品太昂贵，不容易制作、销售。

只有具备坚毅的品质，并具有愿意修改构想的弹性思维，那么将构想转变成行动的努力才会成功。

什么时候要放弃构想中的某一部分？什么时候坚持是美德，弹性是缺点呢？往往过分坚持被认为是顽固，而过分富于弹性则是马虎的态度。我们必须完全投入于原有的构想，但同时心里要明白，构想也可能有错。疑虑令人不舒服，而武断却是可笑的。

弹性和坚持的适当平衡要靠经验，例如有经验的机械师，学到使用螺钉帽要用适量的转矩，不能太少，以免容易松掉，也不能太多，以免损害了螺纹。

一个构想在开始时只是个粗糙的雏形，具有加以修改的可能性，然后在履行的过程中，将它发展成一种成形的产品。很多设计者都是用纸、泥土来做初步的设计，以后逐渐地将它修改、铸形，而最终变成成形的产品。作家在写作时，通常先快速地写成结构并不十分严谨的初稿，然后再加以细心修改，最后送去出版。

掌握最佳情况

在变构想为行动的过程中，我们的目的在于修改构想，使其达到最佳的状态。构想应该被修改到具有最大的成功机会，不能太复杂，也不能太简单；不能太昂贵，也不能太廉价；不能太精致，也不能太平庸。

我们希望在应用构想之前，能把它修改到最佳的状况，就像吃水果一样，我们不希望太早或太迟摘下水果，而是等待最适当的时候去采摘，因为这个时候的水果味道最佳。

当修改构想时，必须寻找最佳情况以增进成功的机会。生手往往在此时感到困难，正如初试长跑者不是跑得太慢而输掉，就是跑得太快而无法跑完全程；初试驾驶者在他们学会适当地放松煞车和控制方向盘之前，常常把车子开得东歪西斜的。

跑步者、驾驶员和创新者，都必须以相同的方式找到最佳的情况。他们在透过经验而发现最佳情况以前，都曾经尝试过极端的情况，作为一个创新思考者，有时会想得太严肃或太松散，思考的时间太长或太短，想出来的东西也常常太激进或太平凡，但靠着经验不断地修改构想，最终会使人变为成功的创新者。

最好的时机是现在

没有十全十美的人物，也没有十全十美的构想，千万别寻求十全十美，修改的过程是持续的，没有止境的。不论有多少困难，继续做下去，虽然总会有黑暗的时刻和悬疑未决及幻灭的时期，但成功是可能实现的。

有的时候我们等待事情变得容易时，再动手去做。事实上，最适当的时机就是现在，有构想就着手去做吧！托马斯·杰弗逊曾说：“自由是一寸一寸争取来的，我们不能在羽毛床上，将专制变成自由。”同样的，创新力的培养也是一种逐步的游戏，构想是一小步一小步地转化成行动的，别固守在一夜成名的成功方式上，要逐渐步向征服整个困难的过程。

所有创新的人，都遭遇过困难的焦虑，但是他们更能坚持到完成，因此对于偶尔的放弃、没有善用时间、对自己的构想感到太紧张、没有把握等，都不要过于忧虑，也千万别放弃。诚如海明威所说的：“全力奋斗甚至到一个流血的结束，为此事你会感到高兴的。”

为构想拟定一个充分的计划

一旦我们有一个创新的构想，接下来的中心问题是“我如何将构想转化为行动”。这需要投入相当的努力，第一步就是“决定何时去做何事”，换言之，要发展出一套计划来，以计划来控制事情，而不被事情所控制。

帕金森法则之一是工作会占据所有可用的时间。如果我们要在3天的时间内去写完一封难写的信，或许3天中，心理上被零碎的事情折磨得混乱，而真正写信的时间，是在第3天的最后几个钟头内。

很多人都曾体验过，在假期旅行的前一晚上才匆忙整理行李；或是临时抱佛脚地准备期末考试；或是客人来临前，才匆忙地准备晚餐和清扫房子；当截止期限逼近时，人们常常费尽精力而生产出大量的产品。计划行动和设下截止的期限，有助于循序渐进，集中精力准时完成工作。

有了计划之后，才能定下充分的时间来完成工作，而不至于浪费时间。计划并不是用来奴役人的，而是用来作为创新者的仆从，以提高行事效率的。

如果在写字间有人问你：“写字间突然起火了，你会怎么做？”你可能回答说：“我不能确定我会怎么做。”或者说：“我要想几分钟。”但如果写字间真的起火了，你会马上有构想而采取行动的，计划的截止期限，虽然不像起火那样，能引起人们采取某些即刻的行动，但它有助于使我们继续努力，直到任务完成。

回答下述几个问题，有助于建立行动计划。

首先问自己：“什么应该做？”然后就每一个“什么”，回答下面五个问题：

“为什么应该做？”

“在哪里做？”

“同谁来做？”

“什么时候该完成？”

“如何完成？”

若要将一个发明的构想付诸行动，有哪些事应该做？先制作一个实用的模型，获得专利；然后尝试推销，接着修改它和简化它；再制成成品，正式上市，赚取利润。

为何需要一个实用的模型呢？因为构想是不能申请专利的，而模型则可以。模型应如何制作呢？用木头做而非钢制。在哪里做呢？在自己的工作房里。由谁来人呢？由自己和一位工匠合作来做。何时完成呢？下周六之前。

为什么要申请专利呢？防止发明物品被剽窃。要如何做呢？雇请一位专利律师。在哪里做呢？在专利局由专利律师陪同。同谁来做呢？同信誉卓著的专利律师办理。什么时候完成呢？在实用模型完成后，越快越好。

为何要尝试推销呢？因为在真正投入大量时间、金钱和精力之前，需要了解别人是否有足够的兴趣来购买。如何做呢？先制造少量专利品，试着销售到零售店。在哪里做呢？在可能需要这种产品的区域开始销售。由谁做呢？由有行销能力的人来做。何时完成呢？在销售量达到一定程度，销售业绩达到一定标准，完成了某一阶段性的目标的时候。

欲系统地将构想付诸行动，就要从“什么”、“为什么”、“哪里”、“谁”、“何时”和“如何”来考虑。这种形式的计划不能保证一定成功或减少疲劳感，但是它可以使我们的工作机敏、有效率。

甚至有时候即使我们不能亲自执行自己的构想，也需要拟定一个计划使别人能够明了。上级领导会收到部下献上的许多好构想，但这些构想常常因为没有附上实行计划而被忽略了。

其他类型的问题也有助于设计行动的计划。例如：需要测验吗？我们愿意投资多少金钱和时间？其他人能帮得上忙吗？是否需要特殊工具或技术？如何构想获得注意和接纳？多久需要再评鉴和更新我们的计划？

有两个“何时”的问题，关系一个构想的存亡。一个是“何时是一天中最好的工作时间”，另一个是“何时应该推出自己的构想”。

很多作家认为早上工作较为容易，海明威认为“清晨是我们最好的时间，当曙光初露，我即起床开始工作”。然而也有人偏好在下午或半夜工作。我们每个人都必须了解自己何时最清醒和最有效率，如果选了一个不适当的时间去工作，可能无法以工作为荣，而且倾向于逃避工作。

如果一个构想超前于所处的时代，那对任何人都没有益处；如果它落后于时代，则毫无用处。

此外，时机是否适当也会有很大的影响。如果在公司报告营业有重大亏损之后的第一天，或是在老板心情不好的当天，要求加薪，其成功的可能性便要大大地降低了。很多推销员把工业界方面的推销工作集中于星期二、三、四，因为星期一是顾客开始工作的时候，没有剩余时间可以利用，而星期五则太累了，或是工作截止期限到了。一个好的计划者，当他考虑何时开始行动时，不仅要了解有多少可用的时间，而且要慎选采取行动的有利时间。

失败之后，再度尝试也是创新性的表现

在教育、商业和职业上的经验，使我们对失败养成了恐惧感，我们必须通过所有的考试，做好商业上的决定，在职业上不犯错。凯特林常常说：“发明家几乎总是在失败中，试验1000次也许失败1000次。要具有创新性而且能把构想转化为行动，就得冒失败的危险。”

阻碍创新力的因素，并不是失败本身，而是失败后没有认清失败是生活的一部分，或是没有从失败中学到教训就放弃。唯有能够忍受挫折和失败的人，才能够实践自己的新构想，成为生活中的强者。

乔治·波那德说过：“当我年轻时，我发现所有做的10件事情中，失败的总数为9件，我不想成为失败者，所以我总是做10倍的事情。”通向创新成功的道路充满了失败，应从失败中吸取教训，作为前进的铺垫。

有一位哈佛大学的校长，在他办公室的墙壁上挂着一块金属板，上面画了一只乌龟，旁边写着：“注意这只乌龟，它只有把脖子伸出来才能前进。”这位校长已经认识到遇到危险和失败的必然性，因为这是成长和进步所必需的。

由失败的恐惧感所产生的阻碍效果非常巨大。完美主义者的创新能力，胜过他们的创新表现，但因为他们连小失败都害怕，这抑制了他们的进步。有一位医学研究者发现，完美主义者最常患的病是头痛，而且10位头痛患者中有一位是由于惧怕犯错误而引起的。

人们过分夸大自己的重要性，在意别人对自己的构想的反应。马斯洛在其著作中写道：“我发现生手往往能看出被专家所忽略的事情，最重要的是不要害怕犯错误或害怕被人看出是生手。”

失败之后，试着再度尝试或重新开始，这也是创新性的表现，主要秘诀在于能战胜逆境，绝不要停止尝试，如果在创新过程中被击倒，应该设法东山再起。

产品的失败与商业上的成长

一些社会研究者指出，新工业产品中有5%到20%被证实是有利可图的。这个统计资料的对象，只包括现有公司的新产品，因此如果你个人想生产、制造、发展和销售一种新产品，则达到成功的机会可能还更小些。

产品失败最主要的原因包括：产品的瑕疵、缺乏财力支援、时间不当、竞争的结果、市场不广、成

本过高。对系统性和有创新性考虑的越小，则上述可能的失败原因，出现的机会也越多。

一家公司的成长，可以采取一些基本措施：可以将现有的产品扩展到新的应用领域；可以向其他公司购买已上市的成功产品；或者推出新产品。

扩展现有产品到新的应用领域，以尽量增加利润，这是最安全的方法。一家公司对现有产品了解得比较深入，知道其优缺点和如何销售，那么所遭遇到意外和不可预见的危险就少得多。

从其他公司购买成功的现有产品，所面临的危险较少。这些产品的质量已为人所知，而且市场也已建立，剩下的问题是：能否以合理的价格买到它？公司的现有资源是否支持这一类性质的产品？当产品一旦购买到，销售和利润增加的幅度能有多大？

一般而言，最危险的方法是发展新产品来打入新市场。这种方式失败的机会大，但可得的利润往往较高。

大部分公司，往往采用各种可能的组合方式。通常他们把努力和资源，投入在最安全的方法上——大量生产同样产品而不推出新产品。然后，依照公司远程和近期的成长目标，他们可能也介绍旧产品的新应用，或者适量制造一些新产品。

个人成长与商业上的成长一样

个人成长和商业上的成长一样，常常是视个人愿冒多少风险而定。我们可以依赖自然成熟的生长；应用现有的构想；应用已知的资源到新的领域；尝试别人行得通的新构想；或是自己做实验。

商业上的成长非常复杂，包括经费、人事、竞争、投资等。个人成长甚至更复杂，包括意识和潜意识的需要和目标；生理、情绪和心理的资源；经济、工作和家庭环境；社会、法律等的相互作用。商业上用以减少危机而增加成长的策略，同样也可用于个人的成长上，如同在商业上的成长一样，我们应该把大部分的资源用于自然生长，这是最缓慢但最安全的生长方法，此外可将少量的精力应该用于拓宽新领域上。很多大公司仅花1%的资源，用在新的构想和基本的研究上，但往往收到出其不意的效果，假如你能应用1%的资源，也就是大约一天中的15分钟的时间去追求创新，你将获益很多。

在现代生活中，很多重要的突破，不是由一项大的改变所造成，而是由很多小的改进累积而成。应用小的改进以降低风险，进而取得重大的突破，这是人们努力的方向。

第十章　创造与众不同的人生

难得有人一年会思考两三次以上，我则因一星期思考一两次而驰名世界文坛。

成为创意者最重要的是提高自己命运的能量。要控制自己的命运，必须自由地操纵自己的命运。

成为创意者的重点，与其说是创造作品，不如说是创造自己的人生，创造与宇宙法则相契合的人生。

对创意者而言，自己的人生就是最珍贵的作品。

因此，成为创意者最重要的是提高自己命运的能量。要控制自己的命运，必须自由地操纵自己的命运。

“这要怎样才能办到呢?”如果你能提出这样的问题，表示你已经开始有操纵自己命运的欲望了。

这看似极其简单的道理，许多人往往办不到，然而有创意者却能达成。反过来说，能办到的人才能成为真正的创意者。

描绘你从未有过的生活方式

著名作家萧伯纳曾说过：“难得有人一年会思考两三次以上，我则因一星期思考一两次而驰名世界文坛。”

人类完全能够凭借自己来改变自己的行为模式，计划自己的命运，以及靠意志而产生创新性的构想。

我们所处的社会要求我们具有创新性，面对新的问题，提出新的解决办法。不仅如此，我们内在的需求也促使我们追求创新。

著名心理学家马斯洛将人类的需要加以分类，即人有生理的需求(食物、水、性)、安全的需求（安全、秩序、稳定)、爱和归属感以及自尊的需求（自尊以及成功的感觉）、自我实现需求（创新和充分发挥自己的能力）。因此人类的创新可能有多种原因，要看当时他们所处的特殊环境而定：在战争时期，人们为自我保护（安全的需要）而设计新武器；人们也可能因为感到寂寞，而努力创新以争取别人的爱和感情；人们亦可能因为内在自我实现的驱使而努力创新。

成为你自己和成为你所能发展的自己，是人生的一大目的。人试着要发挥其潜能及表现其存在，是创新方法产生的主要原因。如果环境刺激人们的创新力而且也奖赏他们的创新力，他们就会变成具有创新力的人。

设想你能创造自己或自己的生命，不论你要如何创造。你的想象力可以如天马行空，没有人能告诉你如何看自己，告诉你如何打发时间，告诉你与谁交往。你所要想的就是真正的自己——你想要创造的那个人。当你揭露从未与人（甚至自己）分享的过去，或自己从不敢承认的未来之梦时，要设法去感觉内在的那股勇气。

你当然不一定得花一整天的时间做这件事，因为你每天都有必须要完成的事在等你。但是，只要有空闲时间可以想象你是自己生命的创造者，你驾驭自己的生命，而且虽然你无法操纵发生在你身上的事，但却能确实操纵自己对这些事的反应，从而影响事情的结果。

你要如何动用这股巨大的力量呢？如果你想要在人生中拥有更多的爱，就想象自己既快乐又满足，想象自己已是一个有创意的人，时时刻刻都能得到生活的创意。设想你自己很用心地过日子，不但明白自己，也注意周围的人。再设想自己的生活到处都有创意的机会——因为你能通过想象力创造生命，因为创造而去想象那充满满足与喜悦的时刻。

当你在反省自己的生活时，要彻底发挥想象力，让它带你去见识一种充满创意的生活。

富有创意的生活永远值得你追求

亚历山大·罗恩在《愉悦》一书里指出，愉悦所提供的动机和精力，有助于对生活采取一种具有创新的方式，增加生活的享受。愉悦引进了新的兴奋，而且也使自我表达有了新的途径。你必须认识到，改变不仅是生活所需，而且其本身就是生活。

对生活的不满怨言，起自于生活的一成不变。

如果排除这种一成不变的生活

方式，生活自然会变得多彩多姿，令人兴奋。人本来就很保守，因此易于陷入一成不变、缺乏刺激的生活，但在心里的某个角落，仍会不自觉地寻求变化。而人也只有在求变时，才能发挥创意。

而“时间”就意味着变化。

最健全的变化形态，乃是“成长”。学一些东西，尝试去做一些新事，目的都是要使自己成长，想改变自己的生活。

买一些新的东西。新衣、新车、新笔记本，这些充满了“变化”的令人期待的东西。但如果拥有这些东西，却没有任何变化产生的话，我们就会失望。

有创造性的生活，乃是更积极地求变过程。心里的某个角落，在期待令人兴奋的变化。但什么是能使你在被问及“你的每一天都有变化吗?”时，肯定且自信地回答呢?

如果你希望不断成长，你应该尝试去做变化的计划。

只要积极地使你每日的生活有一点变化就好。

假如对生活的不满，起自于没有任何变化的日子，那么就试着逐渐地从一些微小的地方开始寻求改变，慢慢地去改变生活的习惯吧。

例如，改变“时间的习惯”，像起床的时间，就寝的时间，工作的时间等。或试着改变早上做事的时间，早上的习惯。

换一种早餐，或把早餐改成一天最丰盛的一餐。

让一切慢慢地进行，不要被时间所追赶。慢慢地刮胡子，慢条斯理地洗个澡。

早餐，准备最丰盛、自己最爱吃的东西。

只是改变饮食内容，生活看起来就会有很大的改变，生活也会为你带来更多的新鲜感。我们可针对许多事，一一尝试改变，并将它视为一种表演。

既然是表演，越逼真当然越有趣。我们可以试试看，自己到底能表演得逼真到什么地步。

这不正是发现愉悦人生的关键吗?

正因为是一种表演，所以才有变化。你将要如何演出你自己的生活呢?尝试将这种表演生活化，如此一来你的人生将会更有趣味。

设想这是你在地球上的最后一天

你可以想象今天就是你在地球上生活的最后一天，设法整天都沉浸在这个即将发生的重大改变之中。不会死，只是即将前往另一个星球，而且不知何时才能重返地球。事实上，你不太可能在短时间之内回来。

虽然你听过不少故事，但是你对抵达目的地之一的生活真的毫无概念，因此你必须把今天过得好像再也看不到同样的景象，再也听不到同样的声音似的。你要做些什么呢？你想要见谁呢？当你正准备做这样一个长途旅行之前，你有些什么想法呢？你可以留下任何东西。你即将去的地方，什么都有，因此你只要携带你认为的最珍贵的东西。

你要如何度过在地球上的最后时光？你要跟谁在一起？你们一起做些什么？如果你能运用自己的想象力，描绘出自己待在这个星球的最后情况，你就能大开眼界，看到自己超越现状的各种可能情形。

设想今天是你在地球上的最后一天，但没有死之将至的恐惧——这种方式能让你专心去想你生命中最重要的事，最令你满意的事，以及你之所以是你的各种成因。

什么可使你的这一天变得更充实呢？

你认为这样一个特殊的时刻，你做什么会让你觉得自己度过了充实的一天？

请试着创造出“使一天充实的要素”。

凭借“周边事件”的不断展开，具体的行动计划也就随之产生。你只要将这些行动计划，安排到你每一天的时间表内就可以了，这将会成为你生活的指南。

我们发现，当我们思考人生的“时间”时，我们会用两个观点。

那就是希望使自己今后的人生充实，希望使今天这一个瞬间充实的“人生充实”与“瞬间充实”的两个期望。

我们不需要太悲观，从而不断强调不知道什么时候会死这一事实，同样我们也不想为了“以后”，而“目前”过着忍耐、具有牺牲意味的生活。

我们对自己人生的计划，是以有目标，并努力切实地朝目标前进的想法为主流。

但我们必须能始终且确实地掌握“人生的目的”，否则今日又将会被时间的洪流所淹没。

但如果我们的看法略有改变，情况又如何呢？

人生，就是许多今日的累积。

因此只要“今天过得充实”，我们的人生就可以无悔。

也因为这样，计划就变成思考“使今天过得充实”的行动，也就是思考对自己而言，使一天充实的要素究竟是什么。

如果这些要素明确的话，你就已拥有一个十分完美的、属于你自己的“人生计划”了。

你是一个“活在今天”的人吗

大部分人都没有活在“今天”——不是活在“从前”，就是活在“以后”。人生有许多宝贵的时光都溜走了，因为我们的心都被过去和未来占满了。“活在今天”这个观念并不是非常深奥，却很少有人做到。

大多数人都像昏睡似的，虚度大半光阴，很少留心周围的事物。多数人在大部分时间里都是浑浑噩噩的。

你如果想要成为那少数有知觉的人，记住要把握现在，而且只有现在——你拥有的只是现在。活在现在非常重要，因为只有此时才是你真正拥有的。除了此时此刻，你别无选择。活在现在就是要承认你掌握不到过去或未来的时刻。就是现在！信不信由你，你一生只有现在。

活在现在不外乎是享有眼前的一切。有一位艺术家，他就是能够活在现在的人。他辞去了大学的教授之职，从事心灵探索，并且追求个人成长。他说没有工作的生活对他而言一点难处都没有，他只是“掌握此刻”。

“掌握此刻”对于享受创意的人生是很重要的，创意品质的优劣要看你能不能完全投入活动之中，只有如此，你才会从所做的事当中得到充分的快意与满足。不管你正在下棋还是和朋友说话，或是观看落日，“掌握此刻”是最美好的生活，将创意投注于现在，会产生一种明快亲切的感觉，并且感到与世界之间的真正和谐。

大部分人很少处于眼前的时刻，这很不幸，因为他们错失了生活的许多机会。注意此刻，我们每一个人都做得到，并且可以从中得到好处。不论工作或休闲，创意过程中非常重要的一环就是活在现在，专注于手中的事情。

要“掌握此刻”，你首先必须学会一次只做一件事，而不要同时做两件事或三件事。手里做着一件事，心里又想着另外一件事，这是矛盾不通的。你如果想着别的事情，就不能放手做你所选择的事。我们在成功的途中遇到的问题之一，就是选定某一件事，然后一直做到该撒手的时候为止。任何事情只要值得去做，我们就应该全心全意去做。

满怀希望的旅程胜于到达终点

空白时间和休闲时间并不会自动变得有益处，要在我们的生活中创造满足，我们必须费点劲，得到一些成就。若想要完成一些有意义的事，就要亲自拿到这个球，使它滚动，并且不断地滚动。

活得最快乐的人，不是那些建筑外在影响使自己快乐的人，他们是有行动，而且是使事情发生的人。世上的实行家绝不甘心毫无目的地漂流，任由生活操纵他们的命运，他们设定目标，而且逐步实现。一旦设定了目标，朝向目标的过程会比实现目标更重要。

请你看这三道题：

1. 什么时候最该留心？现在。

2. 谁是新生的人？他，也就是你。

3. 要从哪些最重要的事做起？对他有益的事，也就是对你有益的事。

当你回答这些问题时，便加强了活在现在所能发出的威力，强调要把焦点放在眼前的过程，而不是最后的结果。把焦点放在过程中，既可享受过程又能获得最后的结果。

活在现在的意思是说，我们从努力中所获得快乐与满足胜于实际达成的目标。不管一个目标有多重大，达到目标时所得到的满足只是暂时的。作家史蒂文森说："满怀希望的旅行胜于到达终点。"当我们以过程为终极目标的时候，人生就完全改变了，创造力如泉涌现，失败可以看做成功，输即是赢，旅程变为终点。

要享受快乐之旅，就要学习培养更高的欣赏力，为周围的一切献上赞美——感谢夕阳、音乐和其他美丽的事物。不要把凡事都看做理所当然，否则会失去创意的人生。要牢记，每一次夕阳都和其他的夕阳不同，就像每一片雪花都和其他的雪花不同一样。快醒来，听鸟儿唱歌，闻闻花香，触摸树的质感。

凡事都要试一下，找出可喜可乐之处，不论置身何处，都要寻找正面信息。怀着一个任务迎接每一天的到来，在你意识可及的范围内，练习享受每一天。不要心不在焉，要活在现在，体会生命中的每一刻。记住，人生只有此刻，你一次只能活在一刻当中，你终究是在此刻。

别背着过去的包袱

千万不要为大大小小的事忧虑，这种情绪会剥夺你眼前的时光。美国宾州大学所做的一项研究指出，美国约有15%的人每天至少花一半的时间忧虑。忧虑简直是一种流行病，有些研究人员宣称，如今3个人当中就有1个因忧虑导致严重的心理问题。根据这个说法，你想出两个朋友，如果这两个朋友的心理都很健康，那么你就是三个人当中那个心理有问题的人。

要正视忧虑，请看下面这个充

满禅理的故事：

两个和尚走到一条河边时，遇见一位美貌的女子，她过不了这条河，因为怕湿了脚下的一双丝绸鞋。其中一个大和尚一言不发，把这个女子抱起来，送到河对面。之后，这两个和尚继续赶路，一整天都没有说话。当他们到达目的地时，小和尚说："出家人应该避开女色，你今天早上为什么抱起那个女子？"大和尚回答道："我已经在河的对岸把她放下了，你为什么到现在还放不下她呢？"

以上故事强调一个生活的哲理，就是不要背着过去的包袱度过一生。然而，许多人都把焦点放在过去的问题上。有些人已经习惯于忧虑，满脑子所想的差不多都是担心这个、担心那个，甚至还忧虑万一无事怎么办？

恐惧、不安和内疚是与忧虑有关的情绪。无论什么时候，不管在工作场合或其他地方，人们常常心不在焉，心里所想的大多是忧虑与懊悔。大多数人都在为昨天已发生或明天将发生的事而忧虑，这就引出了一个真理："一生之中，你最不应当忧虑的两天是昨天和明天。"

你是不是花太多时间忧虑而错失了今天？你能不能专心致志活在此时此地？花太多时间为失落、失败或犯错而忧虑，将会使你紧张不安。过多的忧虑会对你造成压迫感、头痛以及其他毛病，忧虑只是一种作茧自缚又没什么用处的行为。

我们在忧虑中所耗的精力，有96%是用在我们无法控制的事情上，表示我们96%的忧虑是白费的。事实上，情形还不止这么糟，为我们所能控制的事情而忧虑也是浪费，既然我们可以控制这些事，又何必忧虑。同样，为我们所不能控制的事而忧虑也是白费，因为反正无法控制。结果是，我们的忧虑是百分之百白费了。

把时间用来忧虑已发生的事或未来的事，是浪费精力。有创造力的人会联想到"魔鬼定律"——"如果事情会变糟，它就是会变糟。"困难是人生必经之事，有高度创造力的人没办法消除所有的困难，因为他们知道新的困难会紧接而来，但是他们也知道，最后还是有办法克服所有的困难。

当一个困难出现的时候，有创造力的人会想出一个办法来消除，他们若是跨不过去，就会钻过去，若是钻不过去，就会绕过去。他们有这么多选择，一点也不为困难而忧虑。重要的是现在到底有没有困难，如果没有困难，很好；若是有困难，还是很好，因为那就有挑战可以面对，有新的问题可以解决了。

为问题而忧虑，经常浪费了你

的精力，而这些精力本来可以用来解决问题的。你可以采取一种积极的心态——无论面对什么样的事情，我都能完全控制住它。如果你能以此作为座右铭，大多数的忧虑都会烟消云散。

创意的生活代表着规律的生活

如果你想成为改变自己命运的创新者，为自己开创一个与众不同、富有活力的生活的话，那么你就要马上停止那种每天和朋友一起喝酒，说着空洞的大话的生活态度。当然，偶尔可以这样喝酒谈天，但是若以为这样的生活就表示已有成就，你的人生就实在太无聊了。

如果你想成为真正的创意者，还是应以规律的生活为出发点。堕落的生活绝对无法造就伟大的人生。

生活没有规律的人如何做出好的作品呢？

本书是一本助你登上成功巅峰的书，也就是造就你不同于他人、而有创意的人生。

意大利服饰界的泰斗乔治·亚曼尼是屈指可数的优秀创意者之一，他的生活便是如此。

亚曼尼每天清晨 5 点起床，且绝不熬夜。喝咖啡、看报纸，身体逐渐清醒后，亚曼尼到庭院里游泳，让身体确实清醒后，进餐，然后开始工作。

由于醒来时感到十分舒畅，他可以马上集中精神工作，和公司的员工们举行会议时，他能够马上清醒并理智地判断重点在何处，因此工作效率奇佳。在夜晚，亚曼尼则欣赏音乐。他是意大利的名人，经常有人邀请他参加宴会，但他从不把时间浪费在宴会上。他总在自己家中过着优哉的时光，养明日之气。

星期天他也不到特别的场所去，只到别墅去充实自己的体力，过着休闲生活，下一周又精力充沛地专心工作。

亚曼尼的生活确实很有规律。他能一直发挥旺盛的创造力，理由在于他的生活很有规律。他在日常生活中保持固定的节奏，来提高自己的能量、提高创造力。

实际上，生活零乱，自律神经会失调，进而身体状况无法维持万全状态。能量自然会降低，创意能力也低落。在此情况下任何人都无法成为有能力的创意者。

虽说他们过着有规律的生活，但他们也重视嬉戏。游乐时非常投入，因此，良好的精神状态更可使他们集中精神工作。

有规律的生活和宇宙的节奏一致，更促使我们的人生理念向前飞跃。因为和宇宙的节奏一致，生活状态才是最自然、不牵强的，也使人们容易从生活当中产生新的构想。由此，自己的命运当然可以自己去创造。

以习惯改变生命的节奏

究竟用什么方法才能改变节奏，使其朝向好的方向呢？

如果你想成为伟大的创意者，首先须稳定自己的内心，如果自己不安定，绝对创造不出令人感动的人生。

谚语“安心立命”的确很有道理，它意味着如果心安且稳定，自己的生命便有无限的延伸。即心安定，人的力量才能全部发挥。

如果人心不安定，则易产生压力，一旦产生压力，心就有所偏差，无法清楚地看一切事物。

了解自己的弱点，然后拟定弥补的计划，而要改掉自己的恶习，也应拟定一套方法出来。

例如：“我不善于交友，对于一般的交谈还好，可是谈到认真的话题时便无法顺利交谈，因此无法和朋友建立亲密关系。”

有此烦恼的人须研究使人际关系好转的方法，使其习惯化即可。马上转变十分困难，所以循序渐进即可。

使人际关系好转的首要重点是自己先喜欢他人。

“我爱这世上的人们！”将这句话写在纸上，贴于房间或写在手册的醒目处。若怕被朋友看到而不好意思，可录在录音带里。

“我爱这世上的人们，因为大家都很了不起，具有我所缺乏的优点。与大家相处，我的世界会更开阔，所以我衷心地爱着他们……”

把像这样的话录在录音带中，睡前听即可。

但所录的带子听一星期后便能记住内容，所以很容易听腻，因此最好每星期改变内容，录制新的录音带。

内心的主宰

有一股来自内心的力量，无远弗近、无所不知、无所不能。不论贫穷或富有、卑微或权贵，每个人都可以拥有这股力量。只有你自己能够应用，不受任何人的影响。

这股神秘的力量，如何让一个人获得最高的成就？为何大多数人让消极的思想误导这股内心神秘的力量，使自己非但不受其利，反受其害？

所有的天才、对人类文明有卓越贡献的伟大领导者，都使用同样的方法。

坚定的信心，产生实现目标的力量。信心不是被动的等待，而是主动的出击。

机器必须要运转才能产生作用。主动的信心一无所惧。有了信心，才能鼓舞士气，渡过难关，战胜失败，克服恐惧。

生命中的灾难常迫使人们在信心与恐惧两者间做出抉择。为什么大多数人都选择恐惧？关键在于一个人的态度，我们有权利自己做决定。

选择信心的人，会改变自己的态度，在日常生活中，勇敢地决定和行动，培养自己的信心；选择恐惧的人，是因为没有培养起积极的态度。

找出心中那股神秘的力量，你会发现真实的自我。然后，你可能会做一盘更好的菜肴，写一本更好的书，或做一次更精彩的演讲。成功的坦途通往你的大门，世界会肯定你，并且奖励你。不论你原来是谁，不管你过去多么落魄，成功都会属于你。

了解无穷的智慧

信心是你对宇宙力量的一种了解、信任以及融合的表现，只是具备信心是不够的，你必须运用它。

想必你已经听过，或念过许多关于信心的名言。然而，除非你能学会在日常生活中充分运用，否则你永远无法改变自己。

信心是一种精神状态，为了使信心能对你的成就有所助益，你必须具备积极而非消极的信心。

如果对于宇宙力量的存在没有积极而且明确的理解，是不可能培养出积极而且有创意的心态的。有许多方法可以培养这种信仰，观察、实验、感觉、冥想和思考，都是可行的方法。

我们通常都会借着观察事情的结果，或接受自己信赖的人的意见来了解一件事，在你了解无穷智慧的过程中，可循着外在世界和内在世界两个途径，来观察其中的端倪。

外在世界的证据

凡是乐于思考的人，都会从外在世界中，发现无穷智慧的证据，自然界的每一种过程都有一定的秩序，太阳绝不会今天从东边升起，而明天从西边升起。

我们在任何地方，都可看到持续不绝的自然法则，这种因循自然法则所产生的秩序，明显地指出宇宙中存在着一种明确的运转目标，以及充满智慧的执行计划，而这正是无穷智慧的证据。

看看你的手表，你知道如果没有经过组织的智慧之功，就不会出现这只表。而你也知道使手表存在的是人类的智慧，你同样也知道人类的智慧，并非起源于一个人。人类的智慧，是表达宇宙自然秩序力量的一种工具而已。

你可以把手表拆开，把所有零件放在一个盒子里，并且搅乱它们，即使过了100万年之后，这些零件也不会再自行组合。组合手表需要一份明确的计划，以及审慎而且有组织的智慧。就像手表一样，没有了无穷智慧，宇宙是不可能存在的。

内在世界的智慧

你可运用许多感觉来评价外在世界：触觉、视觉、味觉、嗅觉，但同时你也有感知另一真实世界的能力。使你接触到其他人的创造力，如果将你的思想和他人的思想连接在一起，你便能开启你的意识，产生出无穷的智慧来。

记住，信心是一种精神状态，它是靠着调整你的内心，去接受无穷智慧的方法发展而成的。运用信心是使无穷智慧的力量配合你明确目标的一种适应表现，信心是“成功”的发电机，也是将你的想法付诸实现的原动力。

无疑地，你可暂时放松你的理智和意志力，并完全敞开你的胸怀去接受无穷智慧。

无论你的内心所怀抱着的意念是什么，它都可能成为现实。因此，切勿在通往无穷智慧的道路上自设路障，就像阳光透过三棱镜时，会分成多道光束一样，当无穷智慧通过你的内心时，也会绽放出不同的光芒。

那些消极念头，诸如不可能成功、不值得去做、成功之路障碍重重、有些事无法成功等，都是思想中的缺陷，这些缺陷足以扭曲和分散无穷智慧的力量。如果你因为缺乏创意而关闭通往无穷心智的大门，那你将永远无法享受到蕴含其中的好处。

你无法骤然告诉自己，你有信心并且希望马上出现好的结果。信心是一种必须经过培养才会产生的精神状态。每天腾出1小时的时间，来思考你和无穷智慧之间的关系，找出可在你的生活中，以及在所有可表现无穷智慧力的地方，应用无穷智慧的方法。

先清除你内心里的各种消极思想：缺乏、恐惧、疾病和不和谐。接着再按照下列三个简单的步骤，建立你的信心：

1. 表达对达到目标的明确欲望，并使这种明确欲望和一项或多项基本行为结合在一起。

2. 制定实现愿望的明确且详细的计划。

3. 开始执行计划，并以所有自

觉性的努力作为后盾。

你越能以对无穷智慧的信心作为行动基础，就越能以敞开的心胸去接受它的力量，而你也越能洞察到这股力量对你生命的影响。最后，这股力量会使你更容易以信心作为行动的基础，这难道不是一次完美的循环过程吗？

当你面对一个问题或疑问时，便可用信心作为解决的方法，你以信心为基础的行动风格，已使你的潜意识相信你必将成功。

放松你的理性，以免它影响到由潜意识萌生出来的观念、预感和直觉。你应从这些源自潜意识的智慧中，寻找问题的解决之道。

当你认定一项计划之后，应立即执行，切勿犹豫、争论、怀疑、担心和烦恼，直接去做就是了！

当你发现计划的执行结果和你的预期不一样时，应再重复一次建立信心的程序。从敞开胸怀建立信心到信心的实践，是需要花时间的。

如果你以信心为基础所制定的计划，需要其他人的合作，那就务必要找到合作的人，这些人不会自己跑来找你的。你必须把你的信心实际运用起来。

梦想会成真

其实我们的局限大都是自设的，因为认定某些事是办不到的，所以就说服自己相信这一点。

曾经有一个实验，科学家用玻璃隔板把一条具攻击性的大鲨鱼和另一条鱼隔开，刚开始，这条大鲨鱼不断地撞击玻璃，企图捕食另一条鱼，但过了一段时间，它便放弃努力了。当科学家把玻璃隔板移开，这两条鱼都温和地在各自的领域中活动，互不侵犯。

我们也一样，都是习惯的动物，所以应该偶尔测定一下自己的能力范围。随着成长、发育和进步，你会发现以往认为做不到的事，现在已有改变。所以不妨偶尔做点白日梦，想想看，如果你能做任何想做的事，你会选择做些什么？只要制定明确适当的目标和达成目标的计划，你会发现你的梦想是可以变成现实的。

在成功学中，你必须以控制你的习惯，来控制你的思想和行为。你的思想和行为，将成为你作为生物现象的一部分，就好像冥王星的运行轨道，是它自然现象的一部分一样。如果你能养成积极的习惯，则它所种植的种子也将是积极的，如果你培养出消极习惯的话，则这些习惯所散布的种子也将是消极的，这就是为什么你必须控制你习惯的原因了。

习惯是经由你的反复行为，而

变成你本能的那部分，如果你经由反复练习，在你的思想中创造某种观念时，宇宙中的习惯力量就会接收这些思维模式，并使它们变成一种永恒而发挥效用，在物理学中的惯性作用上也有相同的现象。

改变你成人的心态

我们来到这个世界，每个人天生都有丰富的想象力。当我们还是小孩子的时候，我们都有能力与弹性，可以从不同的角度来观察世界。因为我们注意周围的每一件事物，享受生活的能力可以说是相当了不起的。

从童年的某一天开始，大多数人就渐渐失去了这些能力。社会以及父母不断地告诉我们什么是我们所要预期的，为了获得认同，人们就慢慢地被影响、被制约了。为了能在人际中被接纳，我们不再问为什么，失去了心智上的弹性，并且也停止了发自内心的关注。

如此所造成的结果是，我们的思维变得十分结构化。结构化的信念与价值，导致错误、片面与落伍的认知。这些扭曲的认知阻碍了我们的创造力的发挥，使我们无法以本来面目享受人生。

有没有创造力和是否能保持健康的态度是一体的两面。在任何奋斗的领域中，有创造力的人总是耐战常胜，因为当别人眼中只有无法克服的问题时，他们却看到了大好的机会。

从事心理研究的人发现，在富于创造力者与缺乏创造力者之间主要的不同是，有创造力者自认他们很有创造力，而缺乏创造力的人则因为思想过于结构化与公式化，于是误以为自己不具备所谓的创造力。

要有健康的态度，一定要持续不断地挑战现状，避免自己陷于充满错觉妄想的外在世界。人们若不经常审慎检查自己所坚持的信念，并且养成一种习惯，他们就可能会以不切实际的方式来看待世界。这种不健康的方式可能会导致严重的后果，轻则失望沮丧，重则造成精神疾病。

某些人对于自己的态度与信念会阻碍个人成功这一观点颇感不安。对他们来说，最可怕的事莫过于他们无法为自己赢不了人生的竞争找借口。但是根据有关的观察，那些最坚决拒绝改变、最不愿意承认自己的想法或许有错的人，却最需要改变他们现有的想法，使其人生恢复满足与喜乐。

唯一阻碍我们学习新行为与新态度的是我们自己，年龄常被用来当做借口，而会用年龄大做借口的人经常是那些早年思考就已僵化的人。

换言之，阻碍他们、使他们无法改变的，不是他们的年龄，而是他们抗拒改变的心态。成年之后还能维持思考弹性的人是不会受年龄所限，且能够适时发展新的价值与新的行为的。

把新奇的事物重新带回你的生活

生命是一条湍急的河，经历人生难免会有刮痕淤伤，我们一定要学会顺流而行。顺流而行的意思就是要懂得顺应自然的法则。太多意料之外的变化会毁掉最完美的计划。

有创造力、有活力的人会顺流而行，当他们顺流而行的时候，便领悟到“掌握此刻”的重要性。

和大多数人不同，有创造力、有活力的人活在此刻；同样的，和大多数人不同，有创造力、有活力的人能够顺其自然。

著名的人类心理学家马斯洛相信，顺其自然是人们变老的时候经常会失去的一种特质。他说：“几乎所有的孩童都能临时作一首歌或一首诗，跳一个舞，画一张图，编一出戏，或者玩一个游戏，不用事先计划或构想。”

根据马斯洛所说，大部分成年人都失去了这种能力。可是，马斯洛发现有一些成年人，他们并没失去这种特质，就算他们曾经失去，不久他们还会恢复。这些人就是能够自我实现的人。自我完成是心理健康的一种极高境界，马斯洛称能够达到这种境界的人为自我实现者。他发现，实现自我的人能够顺其自然，无处不自得，而且在迈向成熟的过程中具有高度的创造力。

顺其自然是活得有创造力的同义词。活得有创造力的人不受压抑，他们能够表达真正的感觉，就像小孩一样，可以玩乐，可以扮傻瓜。他们也可以随心所欲，决定做一些原本没有计划要做的事情。有创造力的人随时都可以即性演讲，他们说话的时候像小孩子，不像是大人。

你能否顺其自然？你是不是总是拘泥于自己一天的计划？你是否经常抛开计划，做些不一样的事？当我们顺其自然地做某件事的时候，就会有些意外又有趣的事发生，我们经常会从中获得一些有益的经验，若是拘泥于计划就永远得不到那些经验。

观察小孩子，重新恢复顺其自然的想法。如果你能够再变成小孩子，你就可以顺其自然了。你要能率性而为，因为喜欢某件事情，就心血来潮地试试看。顺其自然的另外一个意思就是让你的生活有更多机会。你让自己的世界有越多的机会，你的创意就会变得越有趣。让更多的人进入你的生活，和他们沟通，向他们表达自己，尤其是当他们的观点不同于你的时候，也许你可以学到一些新鲜事。

记住经常顺其自然，每天练习做一件没有预先计划的事情。兴致来的时候，挑件新鲜有趣的事来做，这件事可以很小，例如走一条不同的路，在不同的餐厅吃饭，或是找一种新的娱乐。将新奇之事带入你的活动中，会使自己的休闲生活趣味倍增。

“白日梦”可以依潜意识行事

花点时间让心思天马行空，驰骋于某个地方或某种时光，或停留在某个地方的某种时光。让自己在大白天尽情地进入梦境，这样做没有任何目的，纯粹是享受心情放松的喜悦而已。

你可以特别挪出一段时间做白日梦，譬如抽空到一个人迹罕至的安静场所走一走，或只是在日常生活中的空档做白日梦。这完全看你自己的选择。如果做白日梦对你而言刚开始很难，你可以一试再试。不久，你就会发现自己可以神游于遥远的地方，一个个幻象从最真实的内心深处不断涌出。

当你在做白日梦时，你都想些什么？你是否置身于未来，看到一些熟悉的人陪你在一些特殊的环境里？或者，你是否回到过去，想起你生命中特别美妙的一些时光？你对这些又有什么感觉？

设法每天都做白日梦，即使是工作空档的几分钟也可以。记住，创意的能力包括你是否能依潜意识行事。做白日梦可以让你做到这件事，白日梦并非毫无意义，你想象中的事情就含有未来的种子。

用心看待身边的世界

创意者的特点之一就是他们能用心看待周围的世界。一般而言，有创造力的人在生活中可以看到许多机会，而缺乏创造力的人由于不用心察看，所以他们只会自怜没机会。

要得到圆满的人生，一定要学会真正地用心。要培养健康的态度，你就要培养对新事物用尽心意的能力，而且你也要能以新角度来看待早已熟悉的事物。如果你是个固执的人，你要努力并且要有勇气改变自己的想法，这样你才能开始用崭新的方式来体验生活的创意。

有些人不经深思，就说产生创意的方法不过是常识而已。很多人为了解决问题而走极端，把生活弄得更加复杂，可是他们所要找的答案却近在眼前，只需依照一些基本原理即可。换言之，常识并不太平常。

生活中，凡事不外乎理解，你看到什么就得到什么。你可以评估自己的用心程度，如果你没有完全看到眼前所呈现的一切，就需要对周围的世界多用点心了。

今日的世界正以空前的速度不断改变，你不可以把自己的意见、信念和价值观牢牢地刻在心上，如此才能有效地适应当今社会的变化。千万别当冥顽不灵的人，否则在这个日新月异的世界上，你的日子就很难过了。

有些人认为改变自己的价值观、信仰或意见就是示弱，但事实却正好相反。愿意改变并追求生命成长的人是最坚韧的人，因为他们有应变的能力。所谓只有白痴和死人不会改变他们的信念和意见，其实仍待商榷，就如前面所说，不管你是哪一种人，你都可以改变。

这里要强调的是，你感应度越低，活在这个瞬息万变的世界里，就会越格格不入。最需要改变想法的人就是那些最排斥变化的人。然而，对一些具有创造力的人而言，情况正好相反，变化令他们觉得新鲜有劲，他们总是愿意向自己的观点挑战，并且愿意在必要时做适当改变。

现在回头看看你目前的信念与想法，也许就能辟出一番新天地。你要保持一种开放的心态，质疑自己所相信的每一件事，学习铲除老旧、不适用的观点，同时培养吸收新价值观与新做法的能力，试试新的事物是否可行。

就一个点子想入非非

这个点子可以是你自己想出来的，可以是朋友或伴侣的建议，也可以是从报纸杂志里读到的。事实上，若有一个人与你一起把玩或讨论这个点子，可能更有意思，因为这样你们就可以多方面来探讨。

你可以像玩一个有形的物体那样玩这个点子。就像你带球冲向球门一样，你也可以针对这个点子，让心思飞得老远。譬如你的点子是处理好生活中的一切，然后前往伦敦。你在那里没有联络的对象，此时也不知道到达后是什么情形，不知要在那里待多久，不知要住在何处，也不知道自己到底喜欢不喜欢那里。你以前可能去过伦敦，也可能没去过，那倒无所谓，你反正尽情想象就是了。你也许永远不会去伦敦，不过这也不相干。重要的是你从各种可能的角度去思考住在伦敦的情形，你把每一种可能的因素都考虑在内。当你在想入非非时，你的点子真实得如在眼前。

如果你的点子涉及你的家人，就找他们共同讨论。问你的伴侣、孩子、父母或兄弟姐妹，看他们对你的点子有什么想法。你可以边谈边写下一些问题。你的工作怎么办？到达之后，你要怎么过日子？你这样做的动机是什么？伦敦真的是你想去的地方吗？或者，其实你想去的是巴黎？上学的问题呢？这也是你要仔细考虑的问题吗？

结束想象后，看看自己有何感觉。你是更有精神了呢，还是筋疲力尽？你是否很清楚自己将何去何从，或者你反而因此而变得踌躇不前？

沉浸在游戏或活动的想象之中

利用各种时刻——排队等电影的进场，上床后睡着前，削铅笔的时候等，做这件事。设想你正积极地全神投注在一件吸引你，令你愉快或兴奋的事情上，心中毫不犹豫。

设想你正旅游到一个只为了让你快乐才设的地方。设想这趟旅行本身很令人愉快，而且是一个美好的开始，终会带你去体验好玩的活动或平静的休息。只要有心情，你可以随时想象这个地方。这个地方可以次次不同，也可以保持不变。当你到达之后要做些什么，谁陪你同行并与你一起玩，他们要与你共处多久，这些都由你自己决定。

一旦抵达目的地之后，就随心所欲地做自己想做的事。如果你认为游玩就是躺在海滩上两棵棕榈树之间的吊床上，边读自己最喜欢的杂志，边啜饮着清凉的热带饮料，那么就依样去想象。也许你觉得最好玩的就是在晴朗的星期天早晨，在公园里进行激烈的追逐赛，如果是的话，就纵情于这样的想象。

设想自己是一个懂得玩的人，时时刻刻都能自得其乐。假想自己是地球上一个顽皮嬉闹的生物，生活的目的只是寻找令自己心醉的一切，而这一切常使自己觉得活着真好，好得常想在屋顶或山巅上高声大叫。回想孩提时代的暑假，当时你一天玩过一天，好像夏天永远过不完似的。当你想象自己顽皮的脸活跃起来，并全身心投入让你不知今夕是何时的娱乐中时，设法重拾童年的那种感觉。

当你想象自己置身于愉悦的环境或情况中时，要放松自己的整个躯体，要深呼吸，要驱散一切“应该这样或那样”的念头，还要让自己觉得值得做这种想象，毕竟生命赋予我们这个机会，绝不可放弃这个可以使你创造美好人生的机会。

生命的过程是一种快乐

林肯说："大多数的人要多快乐，就会有多快乐。所以每一个人都是，要多快乐就有多快乐。"几个世纪以来，伟大的思想家所说的话，基本上就是这个快乐之道。但他们就算站在屋顶上高声宣扬，大部分的人还是不会开窍。快乐是在内心，而不是外在的。真正的快乐就是知足，世上任何财物名利都不能带来快乐，有些人虽然看似一无所有，却有发自内心的快乐。

人生的一个共同目标就是要快乐，就像我们小时候读到的童话故事人物一样，大部分人都希望从此以后过着幸福快乐的日子，他们不要别的，只要享受快乐。

若能脚踏实地，就可以从此过着幸福快乐的日子，快乐只在今朝。如果你人生的第一目标是要快乐，快乐就与你绝缘了，因为快乐是达成目标时的产物，而不是目标本身。

要尽可能地享受快乐，这又是一个达不到的目标。寻欢作乐通常只是为了逃避不愉快，过度逸乐会变得非常乏味。如果人生只有逸乐，没有别的，将会毫无快乐可言。

要快乐就要投入，在工作场合是如此，在工作之外也是如此。投入的意思就是一头栽进任何事情，也就是说，一次只做一件事，而且充分享受这件事的价值。

你若是站着都找不到，你还想要到哪里去搜寻？东方的伟大哲人总是说："快乐就是过程。"也就是说快乐并不是终点，快乐不是要你去寻找，而是要你去创造。如果你本出于快乐，就不必到处寻找快乐。